C 语言和 MATLAB 程序设计在电力谐波电流检测方法仿真中的应用

李自成　刘国海　著

U0213860

国家青年科学基金项目(61301138)

江苏省高校优势学科建设工程资助项目　　　　　资助出版

江苏省高校自然科学研究项目(13KJB470004)

科　学　出　版　社

北　京

内 容 简 介

　　谐波电流检测是治理电力谐波的关键技术。本书介绍 C 语言和 MATLAB 程序设计在电力谐波电流检测方法仿真中的应用。内容包括：离散傅里叶系数法、直接计算法、简单迭代算法、最优迭代算法、双线性构造算法、单相电路瞬时功率法、硬件电路自适应法、神经元自适应法、神经网络自适应法和参考方法的仿真，以及这些方法的仿真比较。

　　本书对检测方法只作简要介绍，着重介绍仿真和仿真比较过程，即着重介绍 C 语言仿真源程序、C 语言仿真比较源程序、MATLAB 仿真源程序或仿真模型、MATLAB 仿真比较源程序或仿真比较模型、仿真波形、仿真比较波形等。

　　本书可供从事电力电子技术、电力系统、计算机仿真等领域的工程技术人员、研究人员，以及上述领域的高校师生阅读参考。

图书在版编目(CIP)数据

C 语言和 MATLAB 程序设计在电力谐波电流检测方法仿真中的应用/李自成，刘国海著. —北京：科学出版社，2014.9
　ISBN 978-7-03-041953-8

　Ⅰ.①C… Ⅱ.①李…②刘… Ⅲ.①C 语言-程序设计-应用-谐波电流-检测 ②Matlab 软件-程序设计-应用-谐波电流-检测Ⅳ.①TM1

　中国版本图书馆 CIP 数据核字(2014)第 220719 号

责任编辑：张艳芬 / 责任校对：刘亚琦
责任印制：肖　兴 / 封面设计：蓝　正

斜 学 出 版 社 出版
北京东黄城根北街 16 号
邮政编码：100717
http://www.sciencep.com

北京凌奇印刷有限责任公司 印刷
科学出版社发行　各地新华书店经销

*

2014 年 10 月第 一 版　　开本：720×1000　1/16
2014 年 10 月第一次印刷　　印张：18 3/4
字数：375 000
POD定价： 95.00元
(如有印装质量问题，我社负责调换)

前　言

随着各种非线性负载在电力系统中的广泛使用,其产生的谐波对电力系统造成的污染日益严重。因此,必须有效地治理电力谐波,而谐波电流检测是其需要解决的关键技术。

作者长期从事电力谐波检测方面的研究,提出了许多谐波电流检测新方法,如基于直接计算的谐波电流检测方法、基于简单迭代算法的谐波电流检测方法、基于最优迭代算法的谐波电流检测方法、基于双线性构造算法的谐波电流检测方法、基于单相电路瞬时功率理论的谐波电流检测方法、基于 RLS 算法的谐波电流检测方法、基于 HVD 的谐波电流检测方法和基于快速提升小波变换的谐波电流检测方法等。

在谐波电流检测过程中,一种新方法的提出一般要经历三个阶段:首先是检测方法思想的萌芽,其次是仿真修正和检验,最后是实验验证。因为仿真具有简单、方便、不受条件限制等优点,因而在现有条件下,当一种新的检测方法思想出现时,总是首先通过仿真对其进行检验或修正。因此,对于一种谐波电流检测新方法的提出,仿真起着十分重要的作用。

在本书中,采用 C 语言设计仿真程序,运行设计的仿真程序得到需要的数据文件。由于 C 语言在图形显示方面存在不足,而 MATLAB 语言在图像处理方面具有优势,并含有丰富的 Simulink 模块库,因而本书使用 MATLAB 语言设计仿真程序或建立仿真模型,通过仿真得到仿真波形。

本书的出版得到了国家青年科学基金项目(61301138)、江苏省高校优势学科建设工程资助项目和江苏省高校自然科学研究项目(13KJB470004)的资助,对所有资助单位表示衷心感谢! 并衷心感谢引用文献的所有作者!

限于作者水平,书中内容难免存在不妥之处,诚挚地期望广大读者批评指正。

作　者

于江苏大学

2014 年 6 月 30 日

目　　录

第 1 章 绪 论

1.1 计算机仿真的基本概念

计算机仿真是一门新兴技术学科,涉及诸多专业理论和技术,如计算机技术、系统分析、控制理论、信号处理、图像处理、计算方法等。计算机仿真早在 20 世纪 40 年代就已经存在,风洞试验就是空气动力模拟的典型例证。随着计算机技术的迅猛发展,计算机仿真在科学研究、工程设计和教育训练等方面发挥着重要作用,其应用前景非常广阔[1]。

通俗地讲,计算机仿真就是应用计算机对被仿真的系统进行仿真。因此,它包括计算机、被仿真的系统和仿真三个方面。

计算机为仿真设备,它不仅指硬件计算机,还包括仿真必需的软件。

被仿真的系统为仿真对象。在此,系统可分为连续系统和离散系统两大类。连续系统指系统的状态随时间连续变化,离散系统指系统的状态随时间间断或突然变化。为了仿真,应建立被仿真的系统的模型。

仿真就是利用"被仿真的系统"的模型对其进行实验研究的过程。

计算机仿真具有经济、安全、可重复和不受气候、场地、时间限制等优势,是除理论证明和科学试验之外验证科研结果的另一重要手段。

本书介绍电力谐波电流检测方法的仿真,被仿真的系统既有连续系统,也有离散系统。仿真软件使用 C 语言和 MATLAB 集成编译程序。其中,使用 C 语言设计仿真程序,运行得到需要的数据文件。以此为基础,设计 MATLAB 仿真程序或建立 MATLAB 仿真模型,通过仿真得到仿真波形。

1.2 C 语言简介

C 语言是一种计算机程序设计语言,它由美国贝尔实验室的 Ritchie 于 1972 年推出。1978 年后,C 语言已先后被移植到大、中、小及微型机上。它可以作为工作系统设计语言,编写系统应用程序,也可以作为应用程序设计语言,编写不依赖计算机硬件的应用程序。它的应用范围广泛,具备很强的数据处理能力,无论是软件开发,还是各类科学研究,都需要用到 C 语言,其适用于编写系统软件、三维、二维图形和动画,还可用于单片机以及嵌入式系统开发。

C 语言的主要特点有[2]:

　　(1) 语言简洁、紧凑，使用方便、灵活。C 语言一共只有 32 个关键字，9 种控制语句，程序书写形式自由，主要用小写字母表示，压缩了一切不必要的成分。

　　(2) 运算符丰富。C 语言的运算符涉及范围很广，共有 34 种。C 语言把括号、赋值、强制类型转换等都作为运算符处理，从而使 C 语言的运算类型极其丰富，表达式类型多样化。灵活应用各种运算符可以实现在其他高级语言中难以实现的运算。

　　(3) 数据结构丰富，具有现代程序设计语言的各种数据结构。C 语言的数据类型有整型、实型、字符型、数组类型、指针类型、结构类型、共用体类型等。可用来实现各种复杂的数据结构(如链表、树、栈等)的运算，特别是指针类型数据，使之使用起来比 PASCAL 更为灵活、多样。

　　(4) 具有结构化控制语句(如 if...else 语句、while 语句、do...while 语句、switch 语句、for 语句)。使用函数作为程序的模块单位，便于实现程序的模块化。C 语言是比较理想的结构化语言，符合现代编程风格的要求。

　　(5) 语法限制不太严格，程序设计自由度大。例如，对数组下标越界不做检查，整型量和字符型数据以及逻辑型数据可以通用等。

　　(6) 允许访问物理地址，能进行位操作，可实现汇编语言的大部分功能，可直接对硬件进行操作。因此，它既具有高级语言的功能，又具有汇编语言的特点。

　　(7) 生成的目标代码质量高，程序执行效率高。一般只比汇编语言生成的目标代码低 10%~20%。

　　(8) 用 C 语言编写的程序可移植性好(与汇编语言相比)，基本上不做修改就能用于各种型号的计算机和操作系统。

　　常用的 C 语言集成开发环境有 Microsoft Visual C++、Dev-C++、Code::Blocks、Borland C++ Builder、Watcom C++、GNU DJGPP C++、Lcc-Win32 C Compiler 3.1、High C、Turbo C、Turbo C++、C-Free、Win-TC、Xcode 等。

　　在本书中，使用 Turbo C++ 3.0 编译程序。根据电力谐波电流检测方法，设计出相应的 C 语言仿真源程序，编译、连接、运行该程序，得到需要的数据文件。

1.3　MATLAB 概述

　　MATLAB 是 matrix 和 laboratory 两个词的组合，意为矩阵工厂(矩阵实验室)。MATLAB 是由美国 Mathworks 公司发布的主要面对科学计算、可视化以及交互式程序设计的高科技计算环境。它将数值分析、矩阵计算、科学数据可视化以及非线性动态系统的建模和仿真等诸多强大功能集成在一个易于使用的视窗环境中，为科学研究、工程设计以及必须进行有效数值计算的众多科学领域提供了一种全面的解决方案，并在很大程度上摆脱了传统非交互式程序设计语言(如 C 语言、

Fortran 语言)的编辑模式,代表了当今国际科学计算软件的先进水平。

MATLAB 和 Mathematica、Maple 并称为三大数学软件。作为数学类科技应用软件的一种,MATLAB 在数值计算方面首屈一指。MATLAB 可以进行矩阵运算、绘制函数和数据的图形、实现算法、创建用户界面、连接其他编程语言的程序等,主要应用于工程计算、控制设计、信号处理与通信、图像处理、信号检测、金融建模设计与分析等领域。

MATLAB 1.0 于 1984 年推出。此后,MATLAB 2、MATLAB 3.x、MATLAB 4.x、MATLAB 5.x、MATLAB 6.x、MATLAB 7.x 等版本相继问世。

一般来说,MATLAB 系统包括以下几个主要部分[1]。

(1) 编程语言:是以矩阵和数组为基本单位的编程语言。

(2) 工作环境:包含一系列应用工具,提供编写和调试程序的环境。

(3) 图形处理:包含绘制二维、三维图形和创建图形用户界面(GUI)等。

(4) 数学库函数:包含大量的数学函数,也包含复杂的功能。

(5) 应用程序接口(API):提供接口程序,使得 MATLAB 可以和其他语言编写的程序进行交互。

MATLAB 的主要特点有[3]:

(1) 编程效率高。它是一种面向科学与工程计算的高级语言,允许用数学形式的语言编写程序,而且比 Basic 语言、Fortran 语言、C 语言等更加接近书写计算公式的思维方式。用 MATLAB 编写程序犹如在演算纸上排列出公式与求解问题,因此,MATLAB 语言也可通俗地称为演算纸式科学算法语言。因为其编程简单,所以编程效率高,易学易懂。

(2) 用户使用方便。MATLAB 语言是一种解释执行的语言,它灵活、方便,其调试程序手段丰富,调试速度快,需要学习的时间少。人们使用任何一种语言编写和调试程序一般都要经过 4 个步骤:编辑、编译、连接以及执行和调试。各个步骤之间是顺序关系,编程的过程就是在它们之间做瀑布型的循环。与其他语言相比,MATLAB 较好地解决了上述问题,把编辑、编译、连接和执行融为一体。它能在同一画面上进行灵活操作,快速排除输入程序中的书写错误、语法错误甚至语意错误,从而加快了用户编写、修改和调试程序的速度,可以说就编程和调试而言,它是一种比 VB 还要简单的语言。

(3) 扩充能力强。高版本的 MATLAB 语言具有丰富的库函数,在进行复杂的数学运算时可以直接调用,而且 MATLAB 的库函数与用户文件在形式上相同,因而用户文件也可以作为 MATLAB 的库函数来调用。因此,用户可根据自己的需要方便地建立和扩充新的库函数,以便提高 MATLAB 使用效率和扩充它的功能。另外,为了充分利用 Fortran 语言、C 语言等的资源,包括用户编写好的 Fortran 语言、C 语言程序,采用建立 M 文件的形式,通过混合编程,可方便地调用有关 Fortran 语言、C 语言的子程序。

（4）语句简单，内涵丰富。MATLAB 语言中最基本最重要的成分是函数，其一般形式为 $[a, b, c, \cdots] = \text{fun}(d, e, f, \cdots)$，即一个函数由函数名、输入变量 d, e，$f, \cdots$ 和输出变量 $a, b, c, \cdots$ 组成。同一函数名 F，不同数目的输入变量（包括无输入变量）及不同数目的输出变量，代表着不同的含义。这不仅使 MATLAB 的库函数功能更丰富，而且大大减小了需要的磁盘空间，使得使用 MATLAB 编写的 M 文件简单、短小且精干。

（5）高效方便的矩阵和数组运算。MATLAB 语言像 Basic 语言、Fortran 语言和 C 语言一样规定了矩阵的算术运算符、关系运算符、逻辑运算符、条件运算符和赋值运算符，而且这些运算符大部分可以毫无改变地照搬到数组间的运算。有些如算术运算符只要增加"."就可用于数组间的运算。另外，它不需要定义数组的维数。

（6）方便的绘图功能。使用 MATLAB 绘图十分方便，它有一系列的绘图函数或命令，如线性坐标、对数坐标、半对数坐标和极坐标，均只需调用不同的绘图函数或命令，在图上标出图题、X-Y 轴标注、格（栅）绘制也只需调用相应的命令，简单易行。此外，在调用绘图函数时调整自变量可绘出不同颜色的点、线、复线以及多重线。

在本书中，使用版本为 MATLAB 7.12.0（R2011a）。主要用于设计 MATLAB 源程序或建立 MATLAB 仿真模型，通过仿真实现波形的显示。

1.4　电力谐波电流检测方法的研究现状

本节简要介绍有源电力滤波器的工作原理、谐波电流检测方法的研究现状等。

1.4.1　有源电力滤波器的工作原理

随着各种非线性负载在电力系统中的广泛使用，其产生的谐波对电力系统造成的污染日益严重，危害也很大。谐波使电能的生产、传输和利用的效率降低，使电气设备过热，产生振动和噪声，并使绝缘老化，使用寿命缩短，甚至发生故障或烧毁；谐波可引起电力系统局部并联谐振或串联谐振，使谐波含量放大，造成电容器等设备烧毁；谐波还会引起继电保护和自动装置误动作，使电能计量出现混乱等。因此，必须有效治理电力谐波。目前，谐波治理已成为国际电气工程领域的一个研究热点。

电力滤波分为无源和有源两种，它们的工作原理完全不同。有源电力滤波器（active power filter，APF）是一种有效治理谐波与补偿无功的电力电子装置。最基本的单相并联型 APF 的工作原理如图 1-4-1 所示。它由谐波电流检测电路和谐波电流发生电路两大部分组成。谐波电流发生电路由电流跟踪控制电路、驱动电路和主电路组成。图中，$i_s(t)$ 为电源电流，$i_L(t)$ 为非线性负载电流，$i_c'(t)$ 为 APF 提供的补偿电流，$i_c(t)$ 为谐波电流检测电路检测出的非线性负载电流 $i_L(t)$ 中需要补偿的谐波电流。

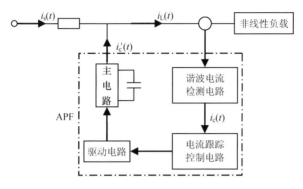

图 1-4-1　单向并联型 APF 的工作原理

谐波电流检测电路的作用是实时准确地检测出非线性负载电流 $i_L(t)$ 中需要补偿的谐波电流 $i_c(t)$。谐波电流发生电路的作用是根据检测出的 $i_c(t)$，控制 APF 以产生实际的补偿电流 $i_c'(t)$。在理想情况下，有 $i_c'(t)=i_c(t)$。因此，APF 的性能与其谐波电流检测电路有很大关系，因而谐波电流检测是 APF 需要解决的关键技术。

1.4.2　电力谐波电流检测方法的研究现状

目前，电力/APF 谐波电流检测方法主要有以下几种。

（1）基于模拟陷波器或带通滤波器的检测方法。最早的谐波电流检测方法采用模拟滤波器来实现，即采用模拟陷波器将基波电流分量滤除，得到谐波分量，或者采用带通滤波器得到基波分量，再与负载电流相减得到谐波分量。该方法电路结构简单、价格便宜、易于控制。但其对电源频率波动和元件参数敏感、输出信号畸变、误差大、补偿效果差。

（2）基于 Fryze 的时域分析法。该方法将负载电流分解为两个正交分量：一个是与电源电压波形完全一致的有功电流分量，另一个是负载电流与有功电流的差值，包括基波无功和谐波，称为广义无功电流分量。该方法至少有一个周期的时间延迟，故不适用于频繁变化的负载；它只能区分有功电流和广义无功电流，不能将基波无功和谐波电流分离出来，因而只适用于全补偿场合，不能实现基波无功和谐波电流的单独补偿。

（3）基于频域分析的快速傅里叶变换（FFT）方法。该方法以傅里叶分析为基础，要求负载电流是周期变化的，否则误差较大。通过 FFT 变换将检测到的一个周期变化的非正弦信号分解，得到各次谐波的幅值和相位，将要消除的谐波分量进行 FFT 反变换即得到补偿参考信号。该方法可以选择欲消除的谐波次数,还可计算出负载电流的基波有功和基波无功分量,而且受环境因素影响较小。但其需要进行 FFT 变换与反变换,计算量大,因而有较长的时间延迟;当电源电压畸变严重或者频率波动时,误差较大。

(4) 基于瞬时无功功率理论的检测方法。1983 年,日本学者 Akagi 等提出了三相电路瞬时无功功率理论[4],此后,这一理论被不断完善[5,6]。目前,基于三相电路瞬时无功功率理论的三相电路谐波电流检测方法(主要有 p-q 法、i_p-i_q 法和 d-q 法)是得到认可的较为成熟的方法[7,8],目前生产的 APF 多数采用它们检测需要补偿的谐波电流。但是,基于三相电路瞬时无功功率理论的三相电路谐波电流检测方法还存在以下问题:需要进行两次坐标变换,计算量较大;使用模拟电路实现时需要较多的乘法器,因此,电路元器件性能和参数对其检测精度有一定的影响[8,9]。另外,这些方法在复杂条件下的应用尚需进一步研究,并且它们仅适用于三相电路。因而 APF 三相电路谐波电流检测方法的研究一直没有中断,不断有研究论文发表,如公茂忠等提出了一种通过计算相位信息和幅值信息来确定谐波电流的方法[10],刘开培等提出了一种基于重采样理论与均值滤波的数字化谐波检测方法[11],Li 等提出了一种基于时域的谐波电流检测算法[12],周柯等提出了一种改进的 i_p-i_q 谐波检测方法[13],Tepper 等提出了一种频率独立的谐波与无功电流计算方法[14],Chang 提出了一种基于瞬时无功功率和瞬时有功功率平衡的检测方法[15],Maza-Ortega 等研究了基于递归与非递归离散傅里叶变换的谐波电流计算方法[16]等。

(5) 自适应检测法。电力系统是一个复杂系统,非线性负载电流时常发生变化,因而检测方法应具有自适应能力,从而能够自适应跟踪变化的非线性负载电流。现已提出了许多自适应谐波电流检测方法,如 Luo 等提出了一种基于自适应噪声对消技术的采用闭环硬件电路实现的自适应检测方法(简称硬件电路自适应法)[17],Wang 等提出了一种基于自适应噪声对消技术的采用单个神经元实现的自适应检测方法(简称神经元自适应法)[18],李辉等提出了一种基于变步长的自适应谐波电流检测算法[19],何娜等提出了一种快速自适应谐波电流检测算法[20],Rukonuzzaman 等提出了一种自适应神经网络检测算法[21],Barros 等提出了一种基于 Kalman 滤波器的自适应检测方法[22],Karimi-Ghartemani 等提出了一种基于增强锁相环的自适应谐波与无功电流检测系统[23],Yazdani 等提出了一种基于自适应陷波滤波器的谐波与无功电流检测方法[24]等。这类检测方法具有自适应能力,但其检测精度尚需提高。

另外,对于单相 APF,至今还没有一种公认的较为成熟的方法。现在已经提出了多种 APF 单相电路谐波电流检测方法,如周卫平等提出了一种基于高精度基波相频实时检测的谐波和无功电流检测方法[25],陈继开等提出了一种基于 Tsallis

小波包奇异熵与功率谱分析相结合的谐波检测方法[26]，牛胜锁等提出了一种基于四项余弦窗三谱线插值 FFT 的谐波检测方法[27]，Gonzalez 等提出了一种基于 Goertzel 算法的谐波检测方法[28]，Chang 等提出了一种基于放射基函数神经网络的谐波检测方法[29]，Wang 等提出了一种反融合谐波分解与级联延时信号删除的谐波检测方法[30]等。尽管这些方法各有特点，但各自都存在一些难以克服的问题，如有的计算量大、有的检测精度不高、有的稳定性差等。

1.5　本 书 结 构

本书介绍 C 语言和 MATAB 程序设计在电力谐波电流检测方法仿真中的应用，全书共 5 章。

第 1 章简要介绍计算机仿真的基本概念、C 语言、MATLAB 语言、电力谐波电流检测方法的研究现状等。

第 2 章介绍与电力谐波电流检测方法仿真相关的 C 语言程序设计基础，包括 C 语言集成环境、C 语言程序结构、数据类型、算术运算符、关系运算符、逻辑运算符、数组定义与引用、函数定义与引用、文件型指针定义、宏定义、if 语句、for 语句、continue 语句、return 语句等。

第 3 章介绍与电力谐波电流检测方法仿真相关的 MATLAB 仿真技术基础，包括 MATLAB 操作界面、命令窗口、程序编辑环境、模型建立环境、基本命令、程序设计基础、Simulink 模块库中的部分模块等。

第 4 章介绍离散傅里叶系数法、直接计算法、简单迭代算法、最优迭代算法、双线性构造算法、单相电路瞬时功率法、硬件电路自适应法、神经元自适应法、神经网络自适应法和参考方法的仿真，包括方法简介、C 语言仿真源程序、MATLAB 仿真源程序或仿真模型、仿真波形等。

第 5 章介绍直接计算法和离散傅里叶系数法、简化的神经元自适应法和简化的神经网络自适应法、直接计算法和单相电路瞬时功率法、直接计算法和硬件电路自适应法、直接计算法和参考方法、单相电路瞬时功率法和硬件电路自适应法、单相电路瞬时功率法和参考方法，以及硬件电路自适应法和参考方法的仿真比较，包括 C 语言仿真比较源程序、MATLAB 仿真比较源程序或仿真比较模型、仿真比较波形等。

参 考 文 献

[1] 张森,张正亮.MATLAB 仿真技术与实例应用教程[M](第一版).北京:机械工业出版社,2004.

[2] 谭浩强.C 程序设计[M](第二版).北京:清华大学出版社,1999.

［3］闻新，周露，李翔，张宝伟. MATLAB 神经网络仿真与应用［M］（第一版）. 北京：科学出版社，2003.

［4］Akagi H，Kanazawa Y，Nabae A. Generalized theory of the instantaneous reactive power in three-circuits［C］//JIEE IPEC，Tokyo，Japan，1883：1375-1386.

［5］Furuhashi T，Okuma S，Uchikawa Y. A study on the theory of instantaneous reactive power ［J］. IEEE Transactions on Industrial Electronics，1990，37(1)：86-90.

［6］王兆安，李民，卓放. 三相电路瞬时无功功率理论的研究［J］. 电工技术学报，1992，(3)：55-59.

［7］Soares V，Verdelho P，Marques G D. An instantaneous active and reactive current component method for active filters［J］. IEEE Transactions Power Electronics，2000，15(4)：660-669.

［8］Zhou L W，Li Z C. A novel active power filter based on the least compensation current control method［J］. IEEE Transactions on Power Electronics，2000，15(4)：655-659.

［9］蒋斌，颜钢锋，赵光宙. 一种单相谐波电流检测法的研究［J］. 电工技术学报，2000，15(6)：65-69.

［10］公茂忠，刘汉奎，顾建军，等. 并联型有源电力滤波器参考电流获取的新方法［J］. 中国电机工程学报，2002，22(9)：43-47.

［11］刘开培，张俊敏，宣扬. 基于重采样理论和均值滤波的数字化谐波检测方法［J］. 中国电机工程学报，2003，23(9)：78-82.

［12］Li H Y，Zhuo F，Wang Z A，et al. A novel time-domain current-detection algorithm for shunt active power filters［J］. IEEE Transactions on Power Systems，2005，20(2)：644-651.

［13］周柯，罗安，夏向阳，等. 一种改进的 i_p-i_q 谐波检测方法及数字低通滤波器的优化设计［J］. 中国电机工程学报，2007，27(34)：96-101.

［14］Tepper J S，Dixon J W，Venegas G，et al. A simple frequency-independent method for calculating the reactive and harmonic current in a nonlinear load［J］. IEEE Transactions on Industrial Electronics，1996，43(6)：647-654.

［15］Chang G W. A new method for determining reference compensating currents of the three-phase shunt active power filter［J］. IEEE Power Engineering Review，2001，21(3)：63-65.

［16］Maza-Ortega J M，Rosendo-Macias J A，Goómez-Expoósito A，et al. Reference current computation for active power filters by running DFT techniques［J］. IEEE Transactions on Power Delivery，2010，25(3)：1986-1995.

［17］Luo S G，Hou Z C. An adaptive detecting method for harmonic and reactive currents［J］. IEEE Transactions on Industrial Electronics，1995，42(1)：85-89.

［18］Wang Q，Wu N，Wang Z A. A neuron adaptive detecting approach of harmonic current for APF and its realization of analog circuit［J］. IEEE Transactions on Instrumentation and Measurement，2001，50(1)：76-84.

［19］李辉，吴正国，邹云屏，等. 变步长自适应算法在有源滤波器谐波检测中的应用［J］. 中国

电机工程学报，2006，26(9)：99-103.

[20] 何娜，黄丽娜，武健，等. 一种新型快速自适应谐波检测算法[J]. 中国电机工程学报，2008，28(22)：124-129.

[21] Rukonuzzaman M, Nakaoka M. Single-phase shunt active power filter with harmonic detection[J]. IEE Proceedings-Electric Power Applications, 2002, 149(5)：343-350.

[22] Barros J, Perez E. An adaptive method for determining the reference compensating current in Single-Phase shunt active power filters[J]. IEEE Transactions on Power Delivery, 2003, 18(4)：1578-1580.

[23] Karimi-Ghartemani M, Mokhtari H, Iravani M R, et al. A signal processing system for extraction of harmonics and reactive current of single-phase systems[J]. IEEE Transactions on Power Delivery, 2004, 19(3)：979-986.

[24] Yazdani D, Bakhshai A, Jain P K. A three-phase adaptive notch filter-based approach to harmonic/reactive current extraction and harmonic decomposition[J]. IEEE Transactions on Power Electronics, 2010, 25(4)：914-923.

[25] 周卫平，吴正国，夏立. 基波相位和频率的高精度检测及在有源电力滤波器中的应用[J]. 中国电机工程学报，2004，24(4)：91-96.

[26] 陈继开，李浩昱，杨世彦，等. Tsallis 小波包奇异熵与功率谱分析在电力谐波检测的应用[J]. 电工技术学报，2010，25(8)：193-199.

[27] 牛胜锁，梁志瑞，张建华，等. 基于四项余弦窗三谱线插值 FFT 的谐波检测方法[J]. 仪器仪表学报，2012，33(9)：2002-2008.

[28] Gonzalez S A, García-Retegui R, Benedetti M. Harmonic computation technique suitable for active power filters[J]. IEEE Transactions on Industrial Electronics, 2007, 54(5)：2791-2796.

[29] Chang G W, Chen C I, Teng Y T. Radial-basis-function-based neural network for harmonic detection[J]. IEEE Transactions on Industrial Electronics, 2010, 57(6)：2171-2179.

[30] Wang Y F, Li Y W. A grid fundamental and harmonic component detection method for single-phase systems[J]. IEEE Transactions on Power Electronics, 2013, 28(5)：2204-2213.

第2章　C语言程序设计基础

本章简要介绍与电力谐波电流检测方法仿真相关的C语言程序设计基础[1,2]，包括C语言集成环境、C语言程序结构、数据类型、算术运算符、关系运算符、逻辑运算符、数组定义与引用、函数定义与引用、文件型指针定义、宏定义、if语句、for语句、continue语句、return语句、库函数等。

2.1　C语言集成环境与C语言程序结构

先将Turbo C++ 3.0编译程序装入磁盘的某一目录下，然后运行其中的可执行文件TC. EXE，则进入如图2-1-1所示的Turbo C++ 3.0集成环境。

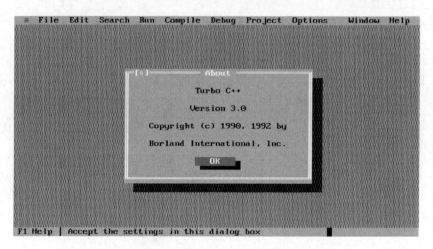

图 2-1-1　Turbo C++ 3.0集成环境

在图2-1-1的上部，有一行主菜单，其中包括10个菜单项：File、Edit、Search、Run、Compile、Debug、Project、Options、Window和Help。通过这10个菜单操作，可完成C语言源程序的输入、修改、调试、编译、连接和运行等功能。

图2-1-2所示为在Turbo C++ 3.0集成环境中设计完成的程序FZBJ3. C。

该FZBJ3. C文件为：

```
#include<math. h>
#include<graphics. h>
#include<conio. h>
```

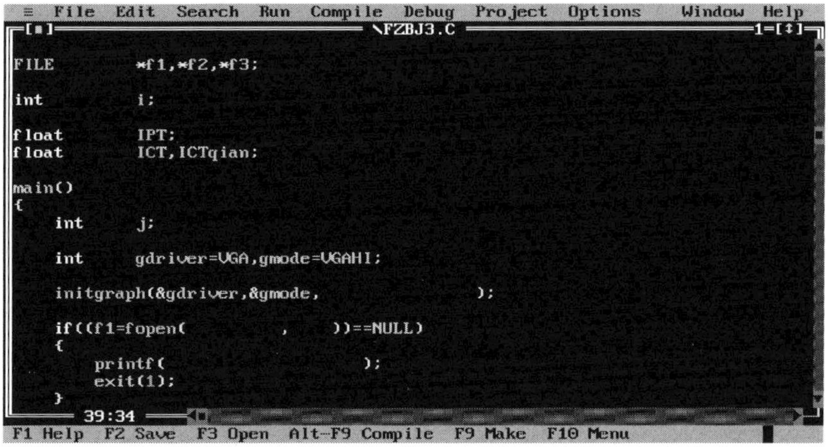

```
≡  File  Edit  Search  Run  Compile  Debug  Project  Options    Window  Help
[■]═══════════════════════════════\FZBJ3.C══════════════════════1=[↕]
FILE        *f1,*f2,*f3;

int         i;

float       IPT;
float       ICT,ICTqian;

main()
{
    int     j;

    int     gdriver=VGA,gmode=VGAHI;

    initgraph(&gdriver,&gmode,           );

    if((f1=fopen(        ,      ))==NULL)
    {
        printf(                );
        exit(1);
    }
      39:34
F1 Help  F2 Save  F3 Open  Alt-F9 Compile  F9 Make  F10 Menu
```

图 2-1-2　C 语言源程序 FZBJ3.C

```
#include<alloc.h>
#include<ctype.h>
#include<dos.h>
#include<stdlib.h>
#include<string.h>
#include<bios.h>
#include<stdio.h>
#include<time.h>
#include<fcntl.h>
#include<io.h>
#include<process.h>
#include<conio.h>
#include<dos.h>
#include<graphics.h>


#define    DA          40

#define    PAI         3.14159265

#define    N_CAI       500
#define    ZONG_CAI    24.0*N_CAI
#define    VARY        12.0*N_CAI
```

```c
#define      P1           1
#define      P2           1

#define      IPT1         4.0/PAI
#define      IPT2         4.0/PAI

#define      SHI          1
#define      SAN          240
#define      ZUO          55

float get_il(int j);
float get_sin(int j);

FILE *f1, *f2, *f3;

int i;

float IPT;
float ICT,ICTqian;

main()
{
    int j;

    int gdriver=DETECT,gmode;

    initgraph(&gdriver,&gmode,"");

    if((f1=fopen("SIN.dat","w+"))==NULL)
    {
        printf("can't open file\n");
        exit(1);
    }
    if((f2=fopen("IL.dat","w+"))==NULL)
    {
```

```c
        printf("can't open file\n");
        exit(1);
    }
    if((f3=fopen("ICT.dat","w+"))==NULL)
    {
        printf("can't open file\n");
        exit(1);
    }

    for(i=0;i<ZONG_CAI;i++)
    {
        if(i%N_CAI==0)
        {
          if(i!=0)
          {
            getch();
            cleardevice();
          }
        }

    if(i<VARY)
    {
        IPT=IPT1;
    }
    else
    {
        IPT=IPT2;
    }

    ICT= get_il(i)-IPT*get_sin(i);

    setcolor(BLUE);
    line(ZUO+(i%N_CAI+1-SHI),SAN,ZUO+(i%N_CAI+2-SHI),SAN);

    setcolor(RED);
```

```
      line(ZUO+(i%N_CAI+1-SHI),SAN-DA*get_sin(i-1),ZUO+(i%N_
      CAI+2-SHI),SAN-DA*get_sin(i));

      setcolor(WHITE);
      line(ZUO+(i%N_CAI+1-SHI),SAN-DA*get_il(i-1),ZUO+(i%N_
      CAI+2-SHI),SAN-DA*get_il(i));

      setcolor(GREEN);
      line(ZUO+(i%N_CAI+1-SHI),SAN-DA*ICTqian,ZUO+(i%N_CAI+2
      -SHI),SAN-DA*ICT);


      fprintf(f1,"%.7f\n",get_sin(i));
      fprintf(f2,"%.7f\n",get_il(i));
      fprintf(f3,"%.7f\n",ICT);

      ICTqian=ICT;
   }
   closegraph();
   fclose(f1);
   fclose(f2);
   fclose(f3);

   return 0;
}

float get_sin(int j)
{
    float p;

    p=sin(2*PAI*j/N_CAI);
    return p;
}

float get_il(int j)
```

```
{
    float  p;

    if(j<VARY)
    {
        if(((j/(N_CAI/2))%2)==0)
        {
            p=P1;
        }
        else
        {
            p=-P1;
        }
    }
    else
    {
        if(((j/(N_CAI/2))%2)==0)
        {
            p=P2;
        }
        else
        {
            p=-P2;
        }
    }
    return p;
}
```

　　根据 FZBJ3. C 文件,一般地,一个 C 语言程序文件包括三个部分:开始为"文件包含"、宏定义、自定义函数原型、全局变量定义等;中间为程序主体,它以 main 为标志,内容在{}里面;后面为自定义函数。

2.2　数据类型、运算符

　　本节简要介绍数据类型和运算符。

2.2.1　数据类型

int：整数类型。

float：单精度实数类型。

double：双精度实数类型。

2.2.2　算术运算符

＋：加运算。

－：减运算。

＊：乘运算。

/：除运算。

％：模运算。它的两个操作对象都是整数，其值为这两个数相除后的余数。

＋＋：如 i＋＋，表示在使用 i 之后，i 的值加 1。

2.2.3　关系运算符

＝＝：等于。

！＝：不等于。

＞：大于。

＞＝：大于等于。

＜：小于。

＜＝：小于等于。

2.2.4　逻辑运算符

&&：与逻辑运算。

2.3　定义与引用

本节简要介绍一维数组的定义和引用、有参函数的定义与调用、文件型指针的定义和宏定义。

2.3.1　一维数组的定义和引用

一维数组定义的一般形式为

类型说明符 数组名[常量表达式]；

例如：

int a[5]；

它表示数组名为 a,此数组有 5 个元素,分别为 a[0],a[1],a[2],a[3],a[4]。注意:不存在数组元素 a[5]。

一维数组引用的一般形式为

数组名[下标]

例如:a[0]=a[1]+a[2];

2.3.2　有参函数定义与调用

有参函数定义一般形式为

类型标志符 函数名(形式参数表)

{

函数体

}

有参函数定义调用格式为

被调函数名(实际参数表);

它由函数调用加分号构成,成为一个独立的分句。

2.3.3　文件型指针的定义

在 Turbo C++ 3.0 的 stdio.h 文件中含有的文件类型声明如下:

```
typedef struct  {
        int            level;
        unsigned       flags;
        char           fd;
        unsigned char  hold;
        int            bsize;
        unsigned char  *buffer;
        unsigned char  *curp;
        unsigned       istemp;
        short          token;
}       FILE;
```

有了 FILE 结构类型后,则可定义文件型指针变量,如

FILE * f1;

f1 为一个指向 FILE 结构类型的指针变量。

2.3.4　宏定义

不带参数的宏定义格式为

　　# define　常量标识符　常量

如"♯define PAI 3.14159265"定义常量 PAI 为 3.14159265。

2.4　语　　句

本节简要介绍表达式语句、if 语句、for 语句、continue 语句和 return 语句。

2.4.1　表达式语句

格式:变量＝表达式,如 a＝5,x＝a * b。

2.4.2　if 语句

if 语句的三种形式列举如下:

(1) if(表达式) 语句。

(2) if(表达式) 语句 1 else 语句 2。

(3) if(表达式 1) 语句 1;

　　else if(表达式 2) 语句 2;

　　else if(表达式 3) 语句 3;

　　...

　　else if(表达式 m) 语句 m;

　　else 语句 m＋1。

2.4.3　for 语句

for 语句的一般形式为

　　for(表达式 1;表达式 2;表达式 3) 语句

2.4.4　continue 语句

continue 语句的一般形式为

　　continue;

其作用是结束本次循环,即跳过循环体中下面尚未执行的语句,接着进行下一次是否执行循环的判定。

2.4.5　return 语句

return 语句的一般形式为

　　return 表达式;

　　在被调用函数中,当执行到 return 时,控制流程返回到主调函数调用该函数的位置。

2.5　注　　释

　　在 C 语言程序设计中,有三种注释方式。

　　(1) 在 C 语句行的末尾进行注释,格式为"/ * 注释 * /"。例如

　　S=3.14*a*a;　　/* 计算 S 的值 */

　　(2) 以单独一行进行注释,格式为"//注释"或者"/ * 注释 * /"。例如

　　//下面计算 S 的值.

　　S=3.14*a*a;

或者

　　/* 下面计算 S 的值. */

　　S=3.14*a*a;

　　(3) 以连续多行进行注释,格式为每行以"//"开始,或者第一行以"/ * "开始,末行以" * /"结束。

2.6　C 语言库函数

　　exp:指数函数,返回值为 e^x。

　　sin:计算正弦三角函数 sinx 的值。

　　pow:指数函数,返回值为 x^y。

　　fabs:求绝对值。

　　random:随机数发生器。

　　initgraph:初始化图形系统。

　　closegraph:关闭图形系统。

　　cleardevice:清除屏幕图形。

　　setcolor:利用调色板设置当前背景颜色。

　　line:绘制曲线。

　　fopen:打开数据流。

　　printf:按 format 格式化输出函数。

　　fprintf:发送格式化输出到一数据流。

　　fclose:关闭数据流。

　　getch:从键盘获取字符并在屏幕显示。

exit：终止程序，不关闭文件。

参 考 文 献

［1］李书涛.C语言程序设计教程［Z］(第一版).北京：北京理工大学出版社,1993.

［2］谭浩强.C程序设计［M］(第二版).北京：清华大学出版社,1999.

第3章 MATLAB 仿真技术基础

本章简要介绍与电力谐波电流检测方法仿真相关的 MATLAB 仿真技术基础知识[1,2]，包括 MATLAB 操作界面、命令窗口、程序编辑环境、模型建立环境、基本命令、程序设计基础、Simulink 模块库中的部分模块等。

3.1 MATLAB 工作环境简介

将 MATLAB 7.12.0(R2011a)安装完成后，在桌面双击 MATLAB 快捷方式图标，进入 MATLAB 7.12.0(R2011a)工作环境，如图 3-1-1 和图 3-1-2 所示。

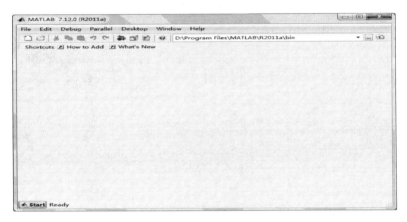

图 3-1-1 MATLAB 操作界面

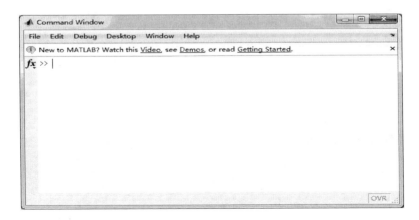

图 3-1-2 MATLAB 命令窗口

在图 3-1-1 的上部有一行主菜单,包括 7 个菜单项:File、Edit、Debug、Parallel、Desktop、Window 和 Help。在图的左下角,有一开始按钮。通过主菜单和开始按钮,可创建 MATLAB 仿真程序和仿真模型文件。

图 3-1-2 为 MATLAB 命令窗口(Command Window)。在命令窗口中键入各种命令,可得到相应的结果。

3.2　MATLAB 基本命令

进入图 3-1-2 所示的命令窗口,可进行如下命令操作。

format long:15 位数字显示。

format short:大于 1000 的数字,用 5 位有效数字的科学记数形式显示。

clc 清除命令窗口中显示的内容。

load SIN. dat:将 SIN. dat 文件中的数据读入内存。

SIN=SIN′:显示 SIN 的列矩阵。

y=linspace(0.00004,0.48,12000):得到一个以 0.00004 为首项,逐次递增 0.00004 的时间行矩阵。这可看做一信号频率为 50Hz,则其周期为 0.02s。0.02 除以一个周期内的采样个数 500 得到 0.00004。12000 为总的采样个数,12000 乘以 0.00004 得到 0.48。

lzc=[y; SIN]:得到一个两行的矩阵。其中,第一行为采样时间,第二行为与采样时间对应的采样数据 SIN。

save SIN. mat lzc:将 lzc 中数据存入 SIN. mat 文件。

set(0,′ShowHiddenHandles′,′on′)

set(gcf,′menubar′,′figure′)

函数 set 设置图形对象的相关属性。这两个命令用来恢复显示"Scope"的 Figure 菜单栏。

3.3　MATLAB 程序设计

在图 3-1-1 所示的操作界面,点击 File 菜单,选择 New,Script,进入如图 3-3-1 所示的 MATLAB 程序编辑环境。程序输入完成后,另存为扩展名为. m 的文件。

涉及的 MATLAB 程序设计基础知识如下:

1. 赋值语句

一般格式:变量=常数,如

x1=5;

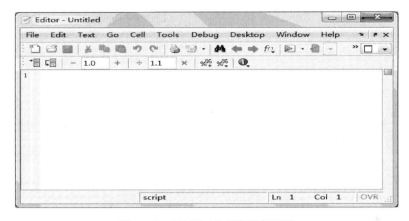

图 3-3-1　MATLAB 程序编辑环境

2. 读入语句

一般格式：load=数据文件名；
将"数据文件名"文件中的数据读入内存，如

load E:\111\SIN. DAT；

3. 函数

plot
一般形式：plot(X,'PropertyName',PropertyValue,…)
用于绘制二维曲线。其中，参数 X 表示绘制图表的数据，PropertyName 表示图表属性的选项字符串，PropertyValue 表示对应属性的选值。

subplot
一般形式：subplot(m,n,p)
将图形窗口分成 $m \times n$ 个子窗口，然后在第 p 个子窗口中创建坐标轴，并将其设置为当前窗口。

axis
一般形式：axis([xmin xmax ymin ymax])
用于设置图表坐标轴的刻度范围。其中，xmin 为 X 轴最小值，xmax 为 X 轴最大值，ymin 为 Y 轴最小值，ymax 为 Y 轴最大值。

4. 注释

单独成行或在语句末，一般形式：%注释。

3.4　MATLAB 仿真模型建立

在图 3-1-1 所示的操作界面，点击 Start，选择 Simulink→Library Browser，进

入 Simulink Library Browser(库模块浏览器),如图 3-4-1 所示。

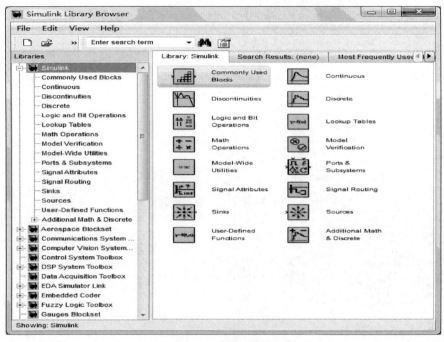

图 3-4-1　库模块浏览器

由图 3-4-1 可以看出:MATLAB 提供了丰富的 Simulink 模块库,如 Common-ly Used Blocks、Continuous、Discontinuities、Discrete 等。它们提供建立仿真模型所需的模块。另外,MATLAB 还提供了许多专用模块库,如 Aerospace Blockset、Communications System Toolbox、Computer Vision System Toolbox、Control System Toolbox、DSP System Toolbox 等。

建立仿真模型所用的 MATLAB 7.12.0(R2011a) Simulink 模块库中的模块如图 3-4-2 所示。

Add(加法模块):用于对两输入信号进行加法运算,并输出结果。

Subtract(减法模块):用于对两输入信号进行减法运算,并输出结果。

Product(乘法模块):用于对两输入信号进行乘法运算,并输出结果。

Divide(除法模块):用于对两输入信号进行除法运算,并输出结果。

Sum(求和模块):用于对多路输入信号进行求和运算,并输出结果。

Square Root(平方根模块):用于对输入信号进行平方根运算,并输出结果。

Integrator(积分模块):用于对输入信号进行积分运算,并输出结果。

Gain(增益模块):用于将输入信号乘以一个指定的增益因子,使输出产生增益。

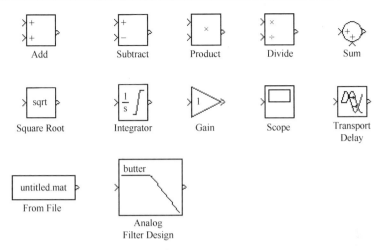

图 3-4-2　MATLAB 7.12.0(R2011a) Simulink 模块库中的部分模块

Scope(示波器模块)：用于在示波器中显示输入信号同仿真时间的关系曲线，仿真时间为 x 轴。

Transport Delay(传输延迟模块)：用于将输入信号按照指定的时间进行延迟。

From File(从文件读取信号模块)：用于从一个 MAT 文件中读取信号，读取的信号为一个矩阵，然后将该信号作为输出信号。

Analog Filter Design(模拟滤波器设计模块)：设计方法有 Butterworth、Chebyshev I、Chebyshev II、Elliptic 和 Bessel。滤波器种类有低通、高通、带通和带阻。选择合适的设计方法、滤波器种类、阶数和截止频率，可得到所需的模拟滤波器。

在图 3-1-1 所示的操作界面，点击 File 菜单，选择 New→Model，进入 MAT-LAB 仿真模型建立环境，如图 3-4-3 所示。仿真模型建立后，另存为扩展名为 .mdl 的文件。

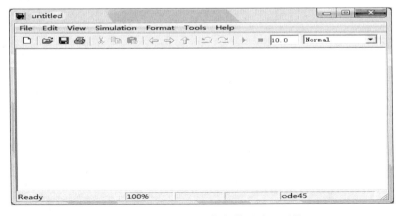

图 3-4-3　MATLAB 仿真模型建立环境

参 考 文 献

[1] 张森,张正亮. MATLAB 仿真技术与实例应用教程[M](第一版). 北京:机械工业出版社,2004.

[2] 陈杰. MATLAB 宝典[M]. 北京:电子工业出版社,2007.

第 4 章　谐波电流检测方法的仿真

本章介绍离散傅里叶系数法[1]、直接计算法[2,3]、简单迭代算法[2,3]、最优迭代算法[2,3]、双线性构造算法[2,3]、单相电路瞬时功率法[4]、硬件电路自适应法[5~7]、神经元自适应法[8,9]、神经网络自适应法[10,11]和参考方法[12,13]的仿真,着重介绍仿真过程。内容包括方法简介、C 语言仿真源程序、MATLAB 仿真源程序或仿真模型、仿真波形等。

4.1　非线性负载电流的傅里叶级数表示

非线性负载电流 $i_L(t)$ 的傅里叶级数表示[1~3]为

$$i_L(t) = I_p^* \sin(\omega t) + I_q^* \cos(\omega t) + I_{2p}^* \sin(2\omega t) + I_{2q}^* \cos(2\omega t) + I_{3p}^* \sin(3\omega t) + \cdots$$
$$= i_p^*(t) + i_c^*(t) \tag{4-1-1}$$

式中

$$i_p^*(t) = I_p^* \sin(\omega t) \tag{4-1-2}$$

$$i_c^*(t) = i_q^*(t) + i_h^*(t)$$
$$= I_q^* \cos(\omega t) + I_{2p}^* \sin(2\omega t) + I_{2q}^* \cos(2\omega t) + I_{3p}^* \sin(3\omega t) + \cdots \tag{4-1-3}$$

$$I_p^* = \frac{2}{T} \int_0^T i_L(t) \sin(\omega t) \mathrm{d}t = \frac{2}{T} \int_{t-T}^t i_L(t) \sin(\omega t) \mathrm{d}t \tag{4-1-4}$$

$$\omega = \frac{2\pi}{T} \tag{4-1-5}$$

式中, $i_p^*(t)$ 为理论上的基波有功电流; $i_c^*(t)$ 为理论上的谐波与无功电流之和; I_p^* 为理论上的基波有功电流幅值; I_q^* 为理论上的基波无功电流幅值; I_{2p}^* 为理论上的 2 次谐波有功电流幅值; I_{2q}^* 为理论上的 2 次谐波无功电流幅值; I_{3p}^* 为理论上的 3 次谐波有功电流幅值;…。

以非线性负载电流 $i_L(t)$ 的傅里叶级数表示为基础,可得到如下定理:

定理 4-1-1　假定负载电流 $i_L(t)$ 为周期电流,若 I_p 等于理论上的基波有功电流幅值 I_p^*,则 $\int_{t_1-T}^{t_1} \left[i_L(t) - I_p \sin(\omega t) \right]^2 \mathrm{d}t$ 最小。

4.2　离散傅里叶系数法仿真

本节介绍离散傅里叶系数法的仿真,内容包括算法简介、C 语言仿真源程序、

MATLAB 仿真源程序和仿真波形。

4.2.1　离散傅里叶系数法简介

假设负载电流 $i_L(t)$ 在一个周期 T 内的 N 个连续采样$\left(\text{周期采样，采样周期为} \dfrac{T}{N}\right)$值为 $i_L(1), i_L(2), \cdots, i_L(N)$，对应的与电源电压同频同相并且幅值为 1V 的正弦信号 $\sin(\omega t)$ 的 N 个采样值为 $\sin(1\omega), \sin(2\omega), \cdots, \sin(N\omega)$。

根据 $i_L(t)$ 的傅里叶级数表示，将式(4-1-4)离散化，则可得到

$$I_p = \frac{\sum\limits_{i=1}^{N}\left[i_L(i)\sin(i\omega)\right]}{\dfrac{N}{2}} \tag{4-2-1}$$

在采样 $i_L(N)$ 时刻，使用式(4-2-1)可计算出 I_p 的值，则基波有功电流为 $I_p\sin(N\omega)$，需要补偿的谐波与无功电流之和为 $i_L(N) - I_p\sin(N\omega)$。这就是计算谐波与无功电流的离散傅里叶系数法，简称离散傅里叶系数法。

4.2.2　仿真

根据该算法，设计的 C 语言仿真源程序 LSFLYXSF1. C 文件为：

```
// 文件包含
#include<math.h>
#include<graphics.h>
#include<conio.h>
#include<alloc.h>
#include<ctype.h>
#include<dos.h>
#include<stdlib.h>
#include<string.h>
#include<bios.h>
#include<stdio.h>
#include<time.h>
#include<fcntl.h>
#include<io.h>
#include<process.h>
#include<conio.h>
#include<dos.h>
```

```
#include<graphics.h>
```

// 宏定义
```
#define     DA          4

#define     N_CAI       500
#define     ZONG_CAI    9.0*N_CAI
#define     VARY        4.0*N_CAI

#define     P1          10
#define     P2          20

#define     PAI         3.14159265

#define     SHI         1
#define     SAN         240
#define     ZUO         55
```

// 自定义函数原型
```
float get_il(int j);
float get_sin(int j);
```

// 定义文件型指针
```
FILE *f1,*f2,*f3,*f4,*f5;
```

// 定义全局变量
```
int i;

float IP,IPqian;
float ic,icqian;

float il_sin[N_CAI/2];
float il_sin_sum;

main()
```

```
{
    int j;

    int gdriver=DETECT,gmode;

    initgraph(&gdriver,&gmode,"");

    if((f1=fopen("SIN.dat","w+"))==NULL)
    {
        printf("can't open file\n");
        exit(1);
    }
    if((f2=fopen("IL.dat","w+"))==NULL)
    {
        printf("can't open file\n");
        exit(1);
    }
    if((f3=fopen("IP.dat","w+"))==NULL)
    {
        printf("can't open file\n");
        exit(1);
    }
    if((f4=fopen("IPSIN.dat","w+"))==NULL)
    {
        printf("can't open file\n");
        exit(1);
    }
    if((f5=fopen("IC.dat","w+"))==NULL)
    {
        printf("can't open file\n");
        exit(1);
    }

    il_sin_sum=0.0;
```

```
for(i=0;i< ZONG_CAI;i++)
{
    if(i%N_CAI==0)
    {
        if(i! =0)
        {
            getch();
            cleardevice();
        }
    }

    il_sin[N_CAI/2-1]=get_il(i)*get_sin(i);
    il_sin_sum=il_sin_sum+il_sin[N_CAI/2-1];

    if(i<(N_CAI/2))
    {
        for(j=0;j<=((N_CAI/2)-2);j++)
        {
            il_sin[j]=il_sin[j+1];
        }

        continue;
    }
    else
    {
        IP=il_sin_sum/(N_CAI/4);
        ic=get_il(i)-IP*get_sin(i);

        setcolor(BLUE);
        line(ZUO+(i%N_CAI+1-SHI),SAN,ZUO+(i%N_CAI+2-SHI),
            SAN);

// 绘制负载电流波形
        setcolor(WHITE);
        line(ZUO+(i%N_CAI+1-SHI),SAN-DA*get_il(i-1),ZUO+(i%
```

```
            N_CAI+2-SHI),SAN-DA*get_il(i));
```

// 绘制基波有功电流幅值波形
```
        setcolor(GREEN);
        line(ZUO+(i%N_CAI+1-SHI),SAN-DA*IPqian,ZUO+(i%N_CAI
        +2-SHI),SAN-DA*IP);
```

// 绘制基波有功电流波形
```
        setcolor(RED);
        line(ZUO+(i%N_CAI+1-SHI),SAN-DA*IPqian*get_sin(i-1),
        ZUO+(i%N_CAI+2-SHI),SAN-DA*IP*get_sin(i));
```

// 绘制谐波与无功电流之和的波形
```
        setcolor(YELLOW);
        line(ZUO+(i%N_CAI+1-SHI),SAN-DA*icqian,ZUO+(i%N_CAI
        +2-SHI),SAN-DA*ic);
```

// 将数据读入文件
```
        fprintf(f1,"%.7f\n",get_sin(i));
        fprintf(f2,"%.7f\n",get_il(i));
        fprintf(f3,"%.7f\n",IP);
        fprintf(f4,"%.7f\n",IP*get_sin(i));
        fprintf(f5,"%.7f\n",ic);

        il_sin_sum=il_sin_sum-il_sin[0];
        for(j=0;j<=((N_CAI/2)-2);j++)
        {
            il_sin[j]=il_sin[j+1];
        }

        IPqian=IP;
        icqian=ic;
    }
}
closegraph();
```

```
    fclose(f1);
    fclose(f2);
    fclose(f3);
    fclose(f4);
    fclose(f5);

    return 0;
}
```

// 自定义函数:获得与电源电压同频同相并且幅值为 1V 的正弦信号
```
float get_sin(int j)
{
    float p;

    p=sin(2*PAI*j/N_CAI);
    return p;
}
```

// 自定义函数:获得负载电流
```
float get_il(int j)
{
    float p;

    if(j<VARY)
    {
        if(((j/(N_CAI/2))%2)==0)
        {
            p=P1;
        }
        else
        {
            p=-P1;
        }
    }
```

```
    else
    {
        if(((j/(N_CAI/2))%2)==0)
        {
            p=P2;
        }
        else
        {
            p=-P2;
        }
    }
    return p;
}
```

对应 LSFLYXSF1. C 文件的 MATLAB 仿真源程序 LSFLYXSF1. m 文件为：

```
%读入数据文件
load E:\111\SIN. DAT;
load E:\111\IL. DAT;
load E:\111\IP. DAT;
load E:\111\IPSIN. DAT;
load E:\111\IC. DAT;

%绘制 SIN 波形
subplot(5,1,1);
plot(SIN,'k');
x1=0;
x2=4250;
y1=-1.5;
y2=+1.5;
axis([x1 x2 y1 y2]);

%绘制 IL 波形
subplot(5,1,2);
plot(IL,'k');
x1=0;
```

```
x2=4250;
y1=-30;
y2=+30;
axis([x1 x2 y1 y2]);
```

%绘制 IP 波形
```
subplot(5,1,3);
plot(IP,'k');
x1=0;
x2=4250;
y1=9;
y2=29;
axis([x1 x2 y1 y2]);
```

%绘制 IPSIN 波形
```
subplot(5,1,4);
plot(IPSIN,'k');
x1=0;
x2=4250;
y1=-30;
y2=+30;
axis([x1 x2 y1 y2]);
```

%绘制 IC 波形
```
subplot(5,1,5);
plot(IC,'k');
x1=0;
x2=4250;
y1=-30;
y2=+30;
axis([x1 x2 y1 y2]);
```

　　运行 LSFLYXSF1. C 文件,得到 SIN. dat、IL. dat、IP. dat、IPSIN. dat 和 IC. dat 数据文件,这些文件将为 LSFLYXSF1. m 文件所用。运行 LSFLYXSF1. m 文件,得到图 4-2-1。

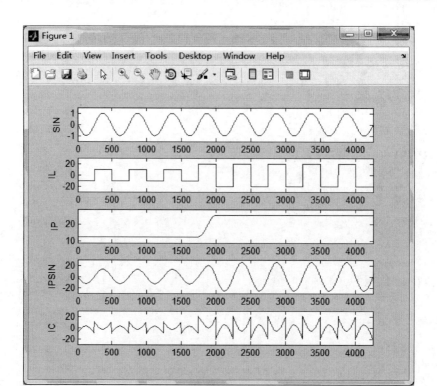

图 4-2-1　负载电流幅值由 10A 突然增大为 20A 时的仿真波形

将 LSFLYXSF1. C 文件中的函数 get_il(int j)改为：

```c
float get_il(int j)
{
    float p;

    if(j<VARY)
    {
        if(((j%(N_CAI/2))<(N_CAI/2))&&((j/(N_CAI/2))%2)==0)
        {
            p=P1;
        }
        else if(((j%(N_CAI/2))<(N_CAI/2))&&((j/(N_CAI/2))%2)
        ==1)
        {
            p=-P1;
```

```
    }
    else
    {
        p=0;
    }
}
else if(j<(VARY+N_CAI))
{
    if(((j%(N_CAI/2))<(N_CAI/2))&&((j/(N_CAI/2))%2)==0)
    {
        p=P1*(1+(j-VARY)*1.0/N_CAI);
    }
    else if(((j%(N_CAI/2))<(N_CAI/2))&&((j/(N_CAI/2))%2)
    ==1)
    {
        p=(-1)*P1*(1+(j-VARY)*1.0/N_CAI);
    }
    else
    {
        p=0;
    }
}
else
{
    if(((j%(N_CAI/2))<(N_CAI/2))&&((j/(N_CAI/2))%2)==0)
    {
        p=2*P1;
    }
    else if(((j%(N_CAI/2))<(N_CAI/2))&&((j/(N_CAI/2))%2)
    ==1)
    {
        p=-2*P1;
    }
    else
    {
```

```
            p=0;
        }
    }
    return p;
}
```

得到 LSFLYXSF2.C 文件。同理，运行 LSFLYXSF2.C 和 LSFLYXSF1.m
文件，得到图 4-2-2。

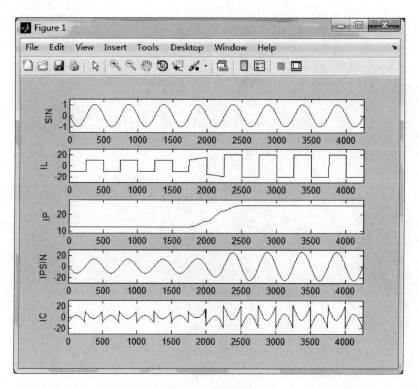

图 4-2-2　负载电流幅值在一个周期内线性增大时的仿真波形

将 LSFLYXSF1.C 文件中的函数 get_il(int j)改为：

```
float get_il(int j)
{
    float p;
    if(j<VARY)
    {
        if((((j/(N_CAI/2))%2)==0)
        {
```

```
                p=P1;
            }
        else
            {
                p=-P1;
            }
        }
    else if(j<(VARY+N_CAI))
        {
        if(((j/(N_CAI/2))%2)==0)
            {
                p=P1-P1*pow(DI,j-VARY-N_CAI);
            }
        else
            {
                p=-1*(P1-P1*pow(DI,j-VARY-N_CAI));
            }
        }
    else
        {
        if(((j/(N_CAI/2))%2)==0)
            {
                p=P2;
            }
        else
            {
                p=-P2;
            }
        }
    return p;
}
```

得到 LSFLYXSF3.C 文件。同理,运行 LSFLYXSF3.C 和 CLSFLYXSF1.m
文件,得到图 4-2-3。

从而得到该方法的仿真波形如图 4-2-1～图 4-2-3 所示,其中,图 4-2-1 为负载
电流幅值突然增大时的仿真波形,图 4-2-2 为负载电流幅值在一个周期内线性增

大时的仿真波形,图 4-2-3 为负载电流幅值在一个周期内按指数规律减小时的仿真波形。图中,SIN 为与电源电压同频同相并且幅值为 1V 的正弦信号,IL 为负载电流。IP、IPSIN、IC 分别为该方法计算出的基波有功电流幅值、基波有功电流、需要补偿的谐波与无功电流之和。由图 4-2-1~图 4-2-3 可以看出:当负载电流 IL 处于稳定状态时,IP 为一常数;当负载电流 IL 幅值发生变化时,IP 能够平滑地跟踪其理论值,其动态响应时间为 0.5 个周期。

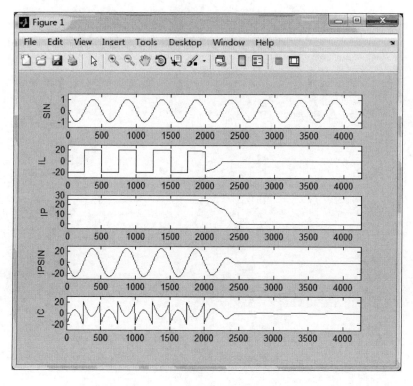

图 4-2-3　负载电流幅值在一个周期内按指数规律减小为 0A 时的仿真波形

4.3　直接计算法仿真

本节介绍直接计算法的仿真,内容包括算法简介、C 语言仿真源程序、MAT-LAB 仿真源程序和仿真波形。

4.3.1　直接计算法简介

假设在一个周期 T 内负载电流 $i_L(t)$ 的 N 个连续采样$\left(\text{周期采样,采样周期为}\dfrac{T}{N}\right)$

值为 $i_L(1), i_L(2), \cdots, i_L(N)$，对应的与电源电压同频同相并且幅值为 1V 的正弦信号 $\sin(\omega t)$ 的 N 个采样值为 $\sin(1\omega), \sin(2\omega), \cdots, \sin(N\omega)$。

根据定理 4-1-1，考虑如下函数：

$$f(I_p) = [i_L(1) - I_p\sin(1\omega)]^2 + [i_L(2) - I_p\sin(2\omega)]^2 + \cdots + [i_L(N) - I_p\sin(N\omega)]^2$$

$$(4\text{-}3\text{-}1)$$

$f(I_p)$ 是以 I_p 为自变量的函数，当其导数为零时取得最小值，故由 $f'(I_p) = 0$ 和式(4-3-1)可得

$$I_p = \frac{\sum_{i=1}^{N} \left[i_L(i)\sin(i\omega) \right]}{\sum_{i=1}^{N} \sin^2(i\omega)}$$

$$(4\text{-}3\text{-}2)$$

在采样 $i_L(N)$ 时刻，使用式(4-3-2)可计算出 I_p，则其基波有功电流为 $I_p\sin(N\omega)$，需要补偿的谐波与无功电流之和为 $i_L(N) - I_p\sin(N\omega)$。这就是基于直接计算的谐波与无功电流计算方法，简称直接计算法。

4.3.2　仿真

根据该算法，设计的 C 语言仿真源程序 ZJJSF1. C 文件为：

```
// 文件包含
#include<math. h>
#include<graphics. h>
#include<conio. h>
#include<alloc. h>
#include<ctype. h>
#include<dos. h>
#include<stdlib. h>
#include<string. h>
#include<bios. h>
#include<stdio. h>
#include<time. h>
#include<fcntl. h>
#include<io. h>
#include<process. h>
#include<conio. h>
#include<dos. h>
#include<graphics. h>
```

```
// 宏定义
#define      DA          4

#define      N_CAI       500
#define      ZONG_CAI    9.0*N_CAI
#define      VARY        4.0*N_CAI

#define      P1          10
#define      P2          20

#define      PAI         3.14159265

#define      SHI         1
#define      SAN         240
#define      ZUO         55
```

```
// 自定义函数原型
float get_il(int j);
float get_sin(int j);
```

```
// 定义文件型指针
FILE *f1,*f2,*f3,*f4,*f5;
```

```
// 定义全局变量
int i;

float IP,IPqian;
float ic,icqian;

float il_sin[N_CAI/2];
float il_sin_sum;

float sin_sin[N_CAI/2];
float sin_sin_sum;
```

```
main()
{
    int j;

    int gdriver=DETECT,gmode;

    initgraph(&gdriver,&gmode,"")

    if((f1=fopen("SIN.dat","w+"))==NULL)
    {
        printf("can't open file\n");
        exit(1);
    }
    if((f2=fopen("IL.dat","w+"))==NULL)
    {
        printf("can't open file\n");
        exit(1);
    }
    if((f3=fopen("IP.dat","w+"))==NULL)
    {
        printf("can't open file\n");
        exit(1);
    }
    if((f4=fopen("IPSIN.dat","w+"))==NULL)
    {
        printf("can't open file\n");
        exit(1);
    }
    if((f5=fopen("IC.dat","w+"))==NULL)
    {
        printf("can't open file\n");
        exit(1);
    }

    il_sin_sum=sin_sin_sum=0.0;
```

```c
for(i=0;i<ZONG_CAI;i++)
{
    if(i%N_CAI==0)
    {
        if(i!=0)
        {
            getch();
            cleardevice();
        }
    }

    il_sin[N_CAI/2-1]=get_il(i)*get_sin(i);
    il_sin_sum=il_sin_sum+il_sin[N_CAI/2-1];

    sin_sin[N_CAI/2-1]=get_sin(i)*get_sin(i);
    sin_sin_sum=sin_sin_sum+sin_sin[N_CAI/2-1];

    if(i<(N_CAI/2))
    {
        for(j=0;j<=((N_CAI/2)-2);j++)
        {
            il_sin[j]=il_sin[j+1];
            sin_sin[j]=sin_sin[j+1];
        }
        continue;
    }
    else
    {
        IP=il_sin_sum/sin_sin_sum;
        ic=get_il(i)-IP*get_sin(i);

        setcolor(BLUE);
        line(ZUO+(i%N_CAI+1-SHI),SAN,ZUO+(i%N_CAI+2-
        SHI),SAN);
```

// 绘制负载电流波形

```
setcolor(WHITE);
line(ZUO+(i%N_CAI+1-SHI),SAN-DA*get_il(i-1),ZUO+
(i%N_CAI+2-SHI),SAN-DA*get_il(i));
```

// 绘制基波有功电流幅值波形

```
setcolor(GREEN);
line(ZUO+(i%N_CAI+1-SHI),SAN-DA*IPqian,ZUO+(i%N_
CAI+2-SHI),SAN-DA*IP);
```

// 绘制基波有功电流波形

```
setcolor(RED);
line(ZUO+(i%N_CAI+1-SHI),SAN-DA*IPqian*get_sin(i
-1),ZUO+(i%N_CAI+2-SHI),SAN-DA*IP*get_sin(i));
```

// 绘制谐波与无功电流之和的波形

```
setcolor(YELLOW);
line(ZUO+(i%N_CAI+1-SHI),SAN-DA*icqian,ZUO+(i%N_
CAI+2-SHI),SAN-DA*ic);
```

// 将数据读入文件

```
fprintf(f1,"%.7f\n",get_sin(i));
fprintf(f2,"%.7f\n",get_il(i));
fprintf(f3,"%.7f\n",IP);
fprintf(f4,"%.7f\n",IP*get_sin(i));
fprintf(f5,"%.7f\n",ic);

il_sin_sum=il_sin_sum-il_sin[0];
sin_sin_sum=sin_sin_sum-sin_sin[0];
for(j=0;j<=((N_CAI/2)-2);j++)
{
    il_sin[j]=il_sin[j+1];
    sin_sin[j]=sin_sin[j+1];
}
```

```
                IPqian=IP;
                icqian=ic;
            }
        }
    closegraph();
    fclose(f1);
    fclose(f2);
    fclose(f3);
    fclose(f4);
    fclose(f5);

    return 0;
}
```

// 自定义函数:获得与电源电压同频同相并且幅值为 1V 的正弦信号
```
float get_sin(int j)
{
    float p;

    p=sin(2*PAI*j/N_CAI);
    return p;
}
```

// 自定义函数:获得负载电流
```
float get_il(int j)
{
    float p;

    if(j<VARY)
    {
        if(((j/(N_CAI/2))%2)==0)
        {
            p=P1;
        }
        else
```

```
        {
            p=-P1;
        }
    }
    else
    {
        if(((j/(N_CAI/2))%2)==0)
        {
            p=P2;
        }
        else
        {
            p=-P2;
        }
    }
    return p;
}
```

对应 ZJJSF1. C 文件的 MATLAB 仿真源程序 ZJJSF1. m 文件为：

```
%读入数据文件
load E:\111\SIN. DAT;
load E:\111\IL. DAT;
load E:\111\IP. DAT;
load E:\111\IPSIN. DAT;
load E:\111\IC. DAT;


%绘制 SIN 波形
subplot(5,1,1);
plot(SIN,'k');
x1=0;
x2=4250;
y1=-1. 5;
y2=+1. 5;
axis([x1 x2 y1 y2]);


%绘制 IL 波形
```

```
subplot(5,1,2);
plot(IL,'k');
x1=0;
x2=4250;
y1=-30;
y2=+30;
axis([x1 x2 y1 y2]);
```

%绘制 IP 波形
```
subplot(5,1,3);
plot(IP,'k');
x1=0;
x2=4250;
y1=9;
y2=29;
axis([x1 x2 y1 y2]);
```

%绘制 IPSIN 波形
```
subplot(5,1,4);
plot(IPSIN,'k');
x1=0;
x2=4250;
y1=-30;
y2=+30;
axis([x1 x2 y1 y2]);
```

%绘制 IC 波形
```
subplot(5,1,5);
plot(IC,'k');
x1=0;
x2=4250;
y1=-30;
y2=+30;
axis([x1 x2 y1 y2]);
```
　　运行 ZJJSF1. C 文件,得到 SIN. dat、IL. dat、IP. dat、IPSIN. dat 和 IC. dat 数

据文件，这些文件将为 ZJJSF1.m 文件所用。运行 ZJJSF1.m 文件，得到图 4-3-1。

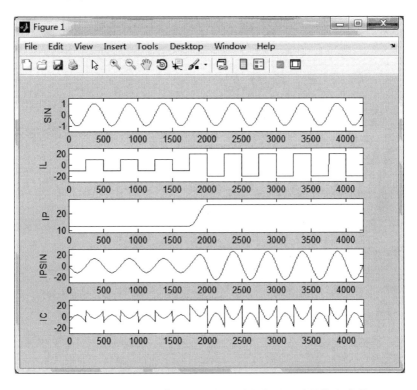

图 4-3-1　负载电流幅值由 10A 突然增大为 20A 时的仿真波形

将 C 语言仿真源程序中的函数 get_il(int j)改为：

```c
float get_il(int j)
{
    float p;

    if(j<VARY)
    {
        if(((j%(N_CAI/2))<(N_CAI/2))&&((j/(N_CAI/2))%2)==0)
        {
            p=P1;
        }
        else if(((j%(N_CAI/2))<(N_CAI/2))&&((j/(N_CAI/2))%2)
        ==1)
        {
```

```
                p=-P1;
            }
        else
            {
                p=0;
            }
    }
else if(j<(VARY+N_CAI))
    {
        if((((j%(N_CAI/2))<(N_CAI/2))&&((j/(N_CAI/2))%2)==0)
            {
                p=P1*(1+(j-VARY)*1.0/N_CAI);
            }
        else if((((j%(N_CAI/2))<(N_CAI/2))&&((j/(N_CAI/2))%2)
        ==1)
            {
                p=(-1)*P1*(1+(j-VARY)*1.0/N_CAI);
            }
        else
            {
                p=0;
            }
    }
else
    {
        if((((j%(N_CAI/2))<(N_CAI/2))&&((j/(N_CAI/2))%2)==0)
            {
                p=2*P1;
            }
        else if((((j%(N_CAI/2))<(N_CAI/2))&&((j/(N_CAI/2))%2)
        ==1)
            {
                p=-2*P1;
            }
        else
```

```
    {
        p=0;
    }
}
return p;
}
```

得到 ZJJSF2.C 文件。同理,运行 ZJJSF2.C 和 ZJJSF1.m 文件,得到图 4-3-2。

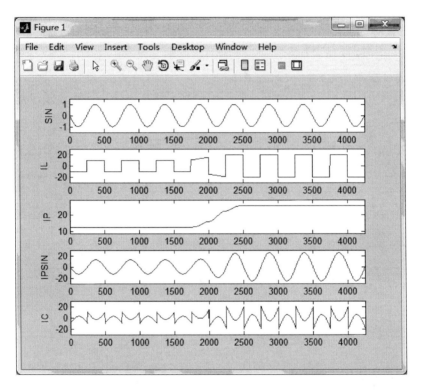

图 4-3-2　负载电流幅值在一个周期内线性增大时的仿真波形

将 ZJJSF1.C 文件中的函数 get_il(int j)改为:

```
float get_il(int j)
{
    float p;
    if(j<VARY)
    {
        if(((j/(N_CAI/2))%2)==0)
        {
```

```
            p=P1;
        }
    else
        {
            p=-P1;
        }
    }
    else if(j<(VARY+N_CAI))
    {
        if(((j/(N_CAI/2))%2)==0)
        {
            p=P1-P1*pow(DI,j-VARY-N_CAI);
        }
        else
        {
            p=-1*(P1-P1*pow(DI,j-VARY-N_CAI));
        }
    }
    else
    {
        if(((j/(N_CAI/2))%2)==0)
        {
            p=P2;
        }
        else
        {
            p=-P2;
        }
    }
    return p;
}
```

得到 ZJJSF3.C 文件。运行 ZJJSF3.C 和 ZJJSF1.m 文件,得到图 4-3-3。

从而得到该算法的仿真波形如图 4-3-1~图 4-3-3 所示,其中,图 4-3-1 为负载电流幅值突然增大时的仿真波形,图 4-3-2 为负载电流幅值在一个周期内线性增大时的仿真波形,图 4-3-3 为负载电流幅值在一个周期内按指数规律减小时的仿真波形。图中,SIN 为与电源电压同频同相并且幅值为 1V 的正弦信号,IL 为负载电流。IP、IPSIN、IC 分别为该方法计算出的基波有功电流幅值、基波有功电流、需要补偿的谐波与无功电流之和。由图 4-3-1~图 4-3-3 可以看出:当负载电流 IL 处于稳定状态时,IP 为一常数;当负载电流 IL 幅值发生变化时,IP 能够平滑地跟踪其理论值,其动态响应时间为 0.5 个周期。

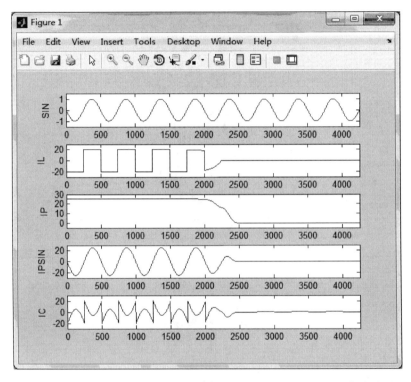

图 4-3-3　负载电流幅值在一个周期内按指数规律减小为 0A 时的仿真波形

4.4　简单迭代算法仿真

本节介绍简单迭代算法的仿真,内容包括算法简介、C 语言仿真源程序、MATLAB 仿真源程序和仿真波形。

4.4.1　简单迭代算法简介

假设负载电流 $i_L(t)$ 的 $N+1$ 个连续采样$\left(周期采样,采样周期为 \dfrac{T}{N}\right)$值为 $i_L(1),i_L(2),\cdots,i_L(N+1)$,对应的与电源电压同频同相并且幅值为 1V 的正弦信号 $\sin(\omega t)$ 的 $N+1$ 个采样值为 $\sin(1\omega),\sin(2\omega),\cdots,\sin[(N+1)\omega]$。

假设 I_p^{N+1} 为采样 $i_L(N+1)$ 时将要迭代计算出的基波有功电流幅值，I_p^N 为采样 $i_L(N)$ 时刻迭代计算出的基波有功电流幅值。当负载电流 $i_L(t)$ 处于稳定状态时，I_p^{N+1} 将在 I_p^N 的基础上逼近 $I_p^{(N+1)*}$；当 $i_L(t)$ 处于变化状态时，I_p^{N+1} 将在 I_p^N 的基础上跟踪 $I_p^{(N+1)*}$。其中，$I_p^{(N+1)*}$ 为在采样 $i_L(N+1)$ 时刻理论上的基波有功电流幅值。由于无法确定 I_p^N 是大于 $I_p^{(N+1)*}$ 还是小于 $I_p^{(N+1)*}$，因此，根据定理 4-1-1，应采用试探比较法确定迭代计算的方向。

假设迭代步长为 h_p，则

$$P_0 = [i_L(2) - I_p^N \sin(2\omega)]^2 + [i_L(3) - I_p^N \sin(3\omega)]^2$$
$$+ \cdots + [i_L(N+1) - I_p^N \sin[(N+1)\omega]]^2 \qquad (4\text{-}4\text{-}1)$$

$$P_1 = [i_L(2) - (I_p^N + h_p)\sin(2\omega)]^2 + [i_L(3) - (I_p^N + h_p)\sin(3\omega)]^2$$
$$+ \cdots + [i_L(N+1) - (I_p^N + h_p)\sin[(N+1)\omega]]^2 \qquad (4\text{-}4\text{-}2)$$

$$P_2 = [i_L(2) - (I_p^N - h_p)\sin(2\omega)]^2 + [i_L(3) - (I_p^N - h_p)\sin(3\omega)]^2$$
$$+ \cdots + [i_L(N+1) - (I_p^N - h_p)\sin[(N+1)\omega]]^2 \qquad (4\text{-}4\text{-}3)$$

计算

$$\Delta P = P_1 - P_2 = -4h_p \sum_{i=2}^{N+1} [i_L(i)\sin(i\omega)] + 4h_p I_p^N \text{sum} = 4h_p \Delta \qquad (4\text{-}4\text{-}4)$$

$$\Delta P_1 = P_1 - P_0 = 2h_p \Delta + h_p{}^2 \text{sum} \qquad (4\text{-}4\text{-}5)$$

$$\Delta P_2 = P_2 - P_0 = -2h_p \Delta + h_p{}^2 \text{sum} \qquad (4\text{-}4\text{-}6)$$

其中

$$\text{sum} = \sum_{i=2}^{N+1} \sin^2(i\omega) \qquad (4\text{-}4\text{-}7)$$

$$\Delta = -\sum_{i=2}^{N+1} [i_L(i)\sin(i\omega)] + I_p^N \text{sum} \qquad (4\text{-}4\text{-}8)$$

由式(4-4-4)、式(4-4-7)和式(4-4-8)可知：Δ 与 ΔP 具有相同的符号，并且 Δ 和 sum 都与迭代步长 h_p 无关。

由 Δ、ΔP_1 和 ΔP_2 的符号，可以确定 P_0、P_1 和 P_2 三者中的最小值，这样可以确定迭代计算的方向。

由定理 4-1-1，最简单的迭代算法可描述如下：

首先计算出 Δ 的值。

若 $\Delta \geqslant 0$，则计算 ΔP_2 的值。若 $\Delta P_2 \geqslant 0$，则 $I_p^{N+1} = I_p^N$；若 $\Delta P_2 < 0$，则

$$I_p^{N+1} = I_p^N - h_p \qquad (4\text{-}4\text{-}9)$$

若 $\Delta < 0$，则计算 ΔP_1 的值。若 $\Delta P_1 \geqslant 0$，则 $I_p^{N+1} = I_p^N$；若 $\Delta P_1 < 0$，则

$$I_p^{N+1} = I_p^N + h_p \qquad (4\text{-}4\text{-}10)$$

在采样 $i_L(N+1)$ 时刻，使用该算法可计算出 I_p^{N+1}，则基波有功电流为 $I_p^{N+1} \cdot \sin[(N+1)\omega]$，需要补偿的谐波与无功电流之和为 $i_L(N+1) - I_p^{N+1}\sin[(N+1)\omega]$。

这就是基于简单迭代算法的谐波与无功电流计算方法,简称简单迭代算法。

4.4.2 仿真

根据该算法设计的 C 语言仿真源程序 JDDDSF1.C 文件为:

```
// 文件包含
#include<math.h>
#include<graphics.h>
#include<conio.h>
#include<alloc.h>
#include<ctype.h>
#include<dos.h>
#include<stdlib.h>
#include<string.h>
#include<bios.h>
#include<stdio.h>
#include<time.h>
#include<fcntl.h>
#include<io.h>
#include<process.h>
#include<conio.h>
#include<dos.h>
#include<graphics.h>

// 宏定义
#define     DA          4

#define     N_CAI       500
#define     ZONG_CAI    9.0 * N_CAI
#define     VARY        4.0 * N_CAI

#define     P1          10
#define     P2          20

#define     h1          0.06
```

```
#define      PAI           3.14159265

#define      SHI           1
#define      SAN           240
#define      ZUO           55
```

// 自定义函数原型
```
float get_il(int j);
float get_sin(int j);
```

// 定义文件型指针
```
FILE *f1,*f2,*f3,*f4,*f5;
```

//定义全局变量
```
int i;

float IP,IPqian;
float ic,icqian;

float sin_sin[N_CAI/2];
float il_sin[N_CAI/2];
float sin_sin_sum;
float il_sin_sum;

main()
{
    int j;

    float daita;
    float daitaP1;
    float daitaP2;

    int gdriver=DETECT,gmode;
```

```
initgraph(&gdriver,&gmode,"");

if((f1=fopen("SIN.dat","w+"))==NULL)
{
    printf("can't open file\n");
    exit(1);
}
if((f2=fopen("IL.dat","w+"))==NULL)
{
    printf("can't open file\n");
    exit(1);
}
if((f3=fopen("IP.dat","w+"))==NULL)
{
    printf("can't open file\n");
    exit(1);
}
if((f4=fopen("IPSIN.dat","w+"))==NULL)
{
    printf("can't open file\n");
    exit(1);
}
if((f5=fopen("IC.dat","w+"))==NULL)
{
    printf("can't open file\n");
    exit(1);
}

sin_sin_sum=il_sin_sum=0.0;

icqian=ic=0;

IP=0.0;

for(i=0;i<ZONG_CAI;i++)
```

```
    {
        if(i%N_CAI==0)
        {
            if(i! =0)
            {
                getch();
                cleardevice();
            }
        }

        sin_sin_sum=sin_sin_sum-sin_sin[0];
        il_sin_sum=il_sin_sum-il_sin[0];

        for(j=0;j<=(N_CAI/2-2);j++)
        {
            sin_sin[j]=sin_sin[j+1];
            il_sin[j]=il_sin[j+1];
        }

        sin_sin[N_CAI/2-1]=get_sin(i)*get_sin(i);
        il_sin[N_CAI/2-1]=get_il(i)*get_sin(i);

        sin_sin_sum=sin_sin_sum+sin_sin[N_CAI/2-1];
        il_sin_sum=il_sin_sum+il_sin[N_CAI/2-1];

        if(i<=(N_CAI/2-2))
        {
            continue;
        }

        daita=-il_sin_sum+IP*sin_sin_sum;

        if(daita>=0. 0)
        {
            daitaP2=-2*h1*daita+h1*h1*sin_sin_sum;
```

```
            if(daitaP2>=0.0)
            {
                IP=IP;
            }
            else
            {
                IP=IP-h1;
            }
        }
        else
        {
            daitaP1=2*h1*daita+h1*h1*sin_sin_sum;
            if(daitaP1>=0.0)
            {
                IP=IP;
            }
            else
            {
                IP=IP+h1;
            }
        }

        ic=get_il(i)-IP*get_sin(i);

        setcolor(BLUE);
        line(ZUO+(i%N_CAI+1-SHI),SAN,ZUO+(i%N_CAI+2-SHI),
SAN);

// 绘制负载电流波形
        setcolor(WHITE);
        line(ZUO+(i%N_CAI+1-SHI),SAN-DA*get_il(i-1),ZUO+(i%N
        _CAI+2-SHI),SAN-DA*get_il(i));

// 绘制基波有功电流幅值波形
        setcolor(GREEN);
```

```
        line(ZUO+(i%N_CAI+1-SHI),SAN-DA*IPqian,ZUO+(i%N_CAI
        +2-SHI),SAN-DA*IP);
```

// 绘制基波有功电流波形

```
        setcolor(RED);
        line(ZUO+(i%N_CAI+1-SHI),SAN-DA*IPqian*get_sin(i-1),
        ZUO+(i%N_CAI+2-SHI),SAN-DA*IP*get_sin(i));
```

// 绘制谐波与无功电流之和的波形

```
        setcolor(YELLOW);
        line(ZUO+(i%N_CAI+1-SHI),SAN-DA*icqian,ZUO+(i%N_CAI
        +2-SHI),SAN-DA*ic);
```

// 将数据读入文件

```
        fprintf(f1,"%.7f\n",get_sin(i));
        fprintf(f2,"%.7f\n",get_il(i));
        fprintf(f3,"%.7f\n",IP);
        fprintf(f4,"%.7f\n",IP*get_sin(i));
        fprintf(f5,"%.7f\n",ic);

        IPqian=IP;
        icqian=ic;

    }
    closegraph();
    fclose(f1);
    fclose(f2);
    fclose(f3);
    fclose(f4);
    fclose(f5);
    return 0;
}
```

// 自定义函数:获得与电源电压同频同相并且幅值为 1V 的正弦信号

```
float get_sin(int j)
```

```
{
    float p;

    p=sin(2*PAI*j/N_CAI);
    return p;
}
```

// 自定义函数：获得负载电流

```
float get_il(int j)
{
    float p;

    if(j<VARY)
    {
        if(((j%(N_CAI/2))<(N_CAI/2))&&((j/(N_CAI/2))%2)==0)
        {
            p=P1;
        }
        else if(((j%(N_CAI/2))<(N_CAI/2))&&((j/(N_CAI/2))%2)
        ==1)
        {
            p=- P1;
        }
        else
        {
            p=0;
        }
    }
    else
    {
        if(((j%(N_CAI/2))<(N_CAI/2))&&((j/(N_CAI/2))%2)==0)
        {
            p=P2;
        }
```

```
    else if(((j%(N_CAI/2))<(N_CAI/2))&&((j/(N_CAI/2))%2)
    ==1)
    {
        p=-P2;
    }
    else
    {
        p=0;
    }
    }
    return p;
}
```

对应 JDDDSF1. C 文件的 MATLAB 仿真源程序 JDDDSF1. m 为:

```
%读入数据文件
load E:\111\SIN. DAT;
load E:\111\IL. DAT;
load E:\111\IP. DAT;
load E:\111\IPSIN. DAT;
load E:\111\IC. DAT;

%绘制 SIN 波形
subplot(5,1,1);
plot(SIN,'k');
x1=0;
x2=4250;
y1=-1.5;
y2=+1.5;
axis([x1 x2 y1 y2]);

%绘制 IL 波形
subplot(5,1,2);
plot(IL,'k');
x1=0;
x2=4250;
```

```
y1=-30;
y2=+30;
axis([x1 x2 y1 y2]);
```

%绘制 IP 波形
```
subplot(5,1,3);
plot(IP,'k');
x1=0;
x2=4250;
y1=9;
y2=29;
axis([x1 x2 y1 y2]);
```

%绘制 IPSIN 波形
```
subplot(5,1,4);
plot(IPSIN,'k');
x1=0;
x2=4250;
y1=-30;
y2=+30;
axis([x1 x2 y1 y2]);
```

%绘制 IC 波形
```
subplot(5,1,5);
plot(IC,'k');
x1=0;
x2=4250;
y1=-30;
y2=+30;
axis([x1 x2 y1 y2]);
```

　　运行 JDDDSF1. C 文件,得到 SIN. dat、IL. dat、IP. dat、IPSIN. dat 和 IC. dat 数据文件,这些文件将为 JDDDSF1. m 文件所用。运行 JDDDSF1. m 文件,得到图 4-4-1。

　　将 JDDDSF1. C 文件中的函数 get_il(int j)改为:

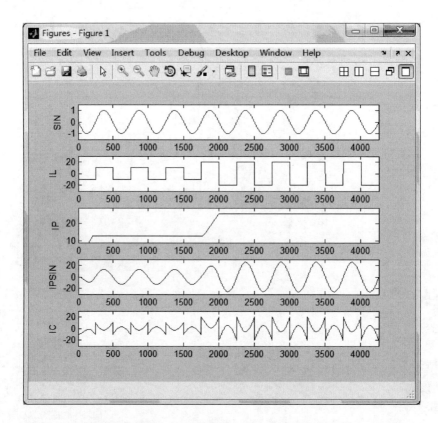

图 4-4-1　负载电流幅值由 10A 突然增大为 20A 时的仿真波形($h_p = 0.06$)

```
float get_il(int j)
{
    float p;

    if(j<VARY)
    {
        if(((j%(N_CAI/2))<(N_CAI/2))&&((j/(N_CAI/2))%2)==0)
        {
            p=P1;
        }
        else if(((j%(N_CAI/2))<(N_CAI/2))&&((j/(N_CAI/2))%2)
        ==1)
        {
            p=-P1;
```

```
        }
        else
        {
                p=0;
        }
    }
    else if(j<(VARY+N_CAI))
    {
        if(((j%(N_CAI/2))<(N_CAI/2))&&((j/(N_CAI/2))%2)==0)
        {
            p=P1*(1+(j-VARY)*1.0/N_CAI);
        }
        else if(((j%(N_CAI/2))<(N_CAI/2))&&((j/(N_CAI/2))%2)
        ==1)
        {
            p=(-1)*P1*(1+(j-VARY)*1.0/N_CAI);
        }
        else
        {
            p=0;
        }
    }
    else
    {
        if(((j%(N_CAI/2))<(N_CAI/2))&&((j/(N_CAI/2))%2)==0)
        {
            p=2*P1;
        }
        else if(((j%(N_CAI/2))<(N_CAI/2))&&((j/(N_CAI/2))%2)
        ==1)
        {
            p=-2*P1;
        }
        else
        {
```

```
        p=0;
    }
  }
  return p;
}
```

得到 JDDDSF2. C 文件。同理,运行 JDDDSF2. C 和 JDDDSF1. m 文件,得到图 4-4-2。

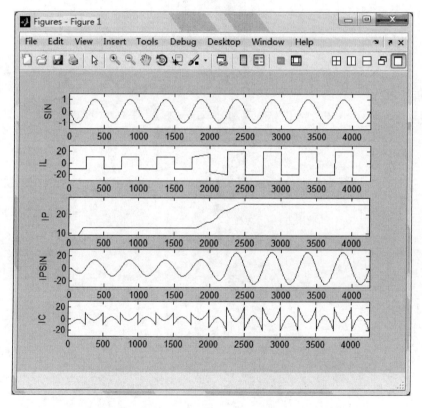

图 4-4-2　负载电流幅值在一个周期内线性增大时的仿真波形(h_p＝0.06)

将 JDDDSF1. C 文件中的宏定义"♯define h1 0.06"改为"♯define h1 0.10",函数 get_il(int j)改为:

```
float get_il(int j)
{
    float p;
    if(j<VARY)
    {
```

```
    if(((j/(N_CAI/2))%2)==0)
    {
        p=P1;
    }
    else
    {
        p=-P1;
    }
}
else if(j<(VARY+N_CAI))
{
    if(((j/(N_CAI/2))%2)==0)
    {
        p=P1-P1*pow(DI,j-VARY-N_CAI);
    }
    else
    {
        p=-1*(P1-P1*pow(DI,j-VARY-N_CAI));
    }
}
else
{
    if(((j/(N_CAI/2))%2)==0)
    {
        p=P2;
    }
    else
    {
        p=-P2;
    }
}
return p;
}
```

得到 JDDDSF3.C 文件。运行 JDDDSF3.C 和 JDDDSF1.m 文件,得到图 4-4-3。
从而得到该算法的仿真波形如图 4-4-1～图 4-4-3 所示,其中,图 4-4-1 为负载

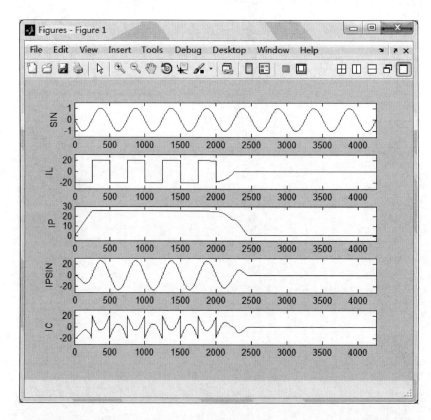

图 4-4-3　负载电流幅值在一个周期内按指数规律减小为 0A 时的仿真波形($h_p=0.10$)

电流幅值突然增大时的仿真波形($h_p=0.06$)，图 4-4-2 为负载电流幅值在一个周期内线性增大时的仿真波形($h_p=0.06$)，图 4-4-3 为负载电流幅值在一个周期内按指数规律减小时的仿真波形($h_p=0.10$)。图中，SIN 为与电源电压同频同相并且幅值为 1V 的正弦信号，IL 为负载电流。IP、IPSIN、IC 分别为该方法计算出的基波有功电流幅值、基波有功电流、需要补偿的谐波与无功电流之和。由图 4-4-1～图 4-4-3 可以看出：在 h_p 选择合适的情况下，当负载电流 IL 处于稳定状态时，IP 为一常数；当负载电流 IL 幅值发生变化时，IP 能够平滑地跟踪其理论值，其动态响应时间约为 0.5 个周期。

4.5　最优迭代算法仿真

本节介绍最优迭代算法的仿真，内容包括算法简介、C 语言仿真源程序、MATLAB 仿真源程序和仿真波形。

4.5.1　最优迭代算法简介

简单迭代算法的迭代量为不变的迭代步长 h_p，这不能很好地反映实际情况。实际情况应该是：当 I_p^N 与 $I_p^{(N+1)^*}$ 相差大时，迭代量应该大；当 I_p^N 与 $I_p^{(N+1)^*}$ 相差小时，迭代量应该小。那么，能否确定一个最优迭代量呢？所谓最优迭代量就是 I_p^N 与最优迭代量 ΔI_p 的和或差正好满足

$$I_p^{N+1} = I_p^N \pm \Delta I_p = I_p^{(N+1)^*} \qquad (4\text{-}5\text{-}1)$$

即迭代计算出的基波有功电流幅值 I_p^{N+1} 与理论上的基波有功电流幅值 $I_p^{(N+1)^*}$ 正好相等，从而实现最佳跟踪。当式(4-5-1)满足时，$|\Delta P_1|$ 或者 $|\Delta P_2|$ 取得最大值。

因此考察式(4-4-10)可知：它由 $\Delta P_1 < 0$ 得到。根据 ΔP_1 的表达式(4-4-5)，ΔP_1 可以看做是以迭代步长 h_p 为自变量的函数，假设

$$f(h_p) = \Delta P_1 = 2h_p \Delta + h_p^2 \, \text{sum} \qquad (4\text{-}5\text{-}2)$$

显然，当 $h_p = -\dfrac{\Delta}{\text{sum}}$ 时，$f(h_p) = \Delta P_1$ 取得最小值。$f(h_p) = \Delta P_1$ 为负，此时 $|\Delta P_1|$ 取得最大值，故此时的最优迭代量为 $\Delta I_p = -\dfrac{\Delta}{\text{sum}}$，$\Delta I_p$ 与 h_p 无关。

同理考察式(4-4-9)可得最优迭代量为 $\Delta I_p = +\dfrac{\Delta}{\text{sum}}$，$\Delta I_p$ 也与 h_p 无关。

因此，在简单迭代算法的基础上，可得到具有最优迭代量的算法为：

首先计算出 Δ 的值。

若 $\Delta \geqslant 0$，则计算 ΔP_2 的值。若 $\Delta P_2 \geqslant 0$，则 $I_p^{N+1} = I_p^N$；若 $\Delta P_2 < 0$，则

$$I_p^{N+1} = I_p^N - \frac{\Delta}{\text{sum}} = \frac{\displaystyle\sum_{i=2}^{N+1} \left[i_L(i) \sin(i\omega) \right]}{\displaystyle\sum_{i=2}^{N+1} \sin^2(i\omega)}$$

若 $\Delta < 0$，则计算 ΔP_1 的值。若 $\Delta P_1 \geqslant 0$，则 $I_p^{N+1} = I_p^N$；若 $\Delta P_1 < 0$，则

$$I_p^{N+1} = I_p^N - \frac{\Delta}{\text{sum}} = \frac{\displaystyle\sum_{i=2}^{N+1} \left[i_L(i) \sin(i\omega) \right]}{\displaystyle\sum_{i=2}^{N+1} \sin^2(i\omega)}$$

在采样 $i_L(N+1)$ 时刻，使用该算法可计算出 I_p^{N+1}，则基波有功电流为 $I_p^{N+1} \cdot \sin[(N+1)\omega]$，需要补偿的谐波与无功电流之和为 $i_L(N+1) - I_p^{N+1} \sin[(N+1)\omega]$。这就是基于最优迭代算法的谐波与无功电流计算方法，简称最优迭代算法。

4.5.2　仿真

根据该算法设计的 C 语言仿真源程序 ZYDDSF1.C 为：

```
// 文件包含
#include<math.h>
#include<graphics.h>
#include<conio.h>
#include<alloc.h>
#include<ctype.h>
#include<dos.h>
#include<stdlib.h>
#include<string.h>
#include<bios.h>
#include<stdio.h>
#include<time.h>
#include<fcntl.h>
#include<io.h>
#include<process.h>
#include<conio.h>
#include<dos.h>
#include<graphics.h>

// 宏定义
#define      DA          4

#define      N_CAI       500
#define      ZONG_CAI    9.0*N_CAI
#define      VARY        4.0*N_CAI

#define      P1          10
#define      P2          20

#define      h1          0.15

#define      PAI         3.14159265

#define      SHI         1
#define      SAN         240
```

```
#define      ZUO            55

// 自定义函数原型
float get_il(int j);
float get_sin(int j);

// 定义文件型指针
FILE *f1,*f2,*f3,*f4,*f5;

// 定义全局变量
int i;

float IP,IPqian;
float ic,icqian;

float sin_sin[N_CAI/2];
float il_sin[N_CAI/2];
float sin_sin_sum;
float il_sin_sum;

main()
{
    int j;

    float daita;
    float daitaP1;
    float daitaP2;

    int gdriver=DETECT,gmode;

    initgraph(&gdriver,&gmode,"");

    if((f1=fopen("SIN.dat","w+"))==NULL)
```

```
{
    printf("can't open file\n");
    exit(1);
}
if((f2=fopen("IL.dat","w+"))==NULL)
{
    printf("can't open file\n");
    exit(1);
}
if((f3=fopen("IP.dat","w+"))==NULL)
{
    printf("can't open file\n");
    exit(1);
}
if((f4=fopen("IPSIN.dat","w+"))==NULL)
{
    printf("can't open file\n");
    exit(1);
}
if((f5=fopen("IC.dat","w+"))==NULL)
{
    printf("can't open file\n");
    exit(1);
}

sin_sin_sum=il_sin_sum=0.0;

icqian=ic=0;

IP=0.0;

for(i=0;i<ZONG_CAI;i++)
{
    if(i%N_CAI==0)
```

```
{
    if(i!=0)
    {
        getch();
        cleardevice();
    }
}

sin_sin_sum=sin_sin_sum-sin_sin[0];
il_sin_sum=il_sin_sum-il_sin[0];

for(j=0;j<=(N_CAI/2-2);j++)
{
    sin_sin[j]=sin_sin[j+1];
    il_sin[j]=il_sin[j+1];
}

sin_sin[N_CAI/2-1]=get_sin(i)*get_sin(i);
il_sin[N_CAI/2-1]=get_il(i)*get_sin(i);

sin_sin_sum=sin_sin_sum+sin_sin[N_CAI/2-1];
il_sin_sum=il_sin_sum+il_sin[N_CAI/2-1];

if(i<=(N_CAI/2-2))
{
    continue;
}

daita=-il_sin_sum+IP*sin_sin_sum;

if(daita>=0.0)
{
    daitaP2=-2*h1*daita+h1*h1*sin_sin_sum;
    if(daitaP2>=0.0)
```

```
        {
            IP=IP;
        }
        else
        {
            IP=il_sin_sum/sin_sin_sum;
        }
    }
    else
    {
        daitaP1=2*h1*daita+ h1*h1*sin_sin_sum;
        if(daitaP1>=0.0)
        {
            IP=IP;
        }
        else
        {
            IP=il_sin_sum/sin_sin_sum;
        }
    }


        ic=get_il(i)-IP*get_sin(i);

        setcolor(BLUE);
        line(ZUO+(i%N_CAI+1-SHI),SAN,ZUO+(i%N_CAI+2-SHI),
        SAN);
```

// 绘制负载电流波形
```
        setcolor(WHITE);
        line(ZUO+(i%N_CAI+1-SHI),SAN-DA*get_il(i-1),ZUO+(i%N
        _CAI+2-SHI),SAN-DA*get_il(i));
```

// 绘制基波有功电流幅值波形
```
        setcolor(GREEN);
```

```
        line(ZUO+(i%N_CAI+1-SHI),SAN-DA*IPqian,ZUO+(i%N_CAI
        +2-SHI),SAN-DA*IP);
```

// 绘制基波有功电流波形

```
        setcolor(RED);
        line(ZUO+(i%N_CAI+1-SHI),SAN-DA*IPqian*get_sin(i-1),
        ZUO+(i%N_CAI+2-SHI),SAN-DA*IP*get_sin(i));
```

// 绘制谐波与无功电流之和的波形

```
        setcolor(YELLOW);
        line(ZUO+(i%N_CAI+1-SHI),SAN-DA*icqian,ZUO+(i%N_CAI
        +2-SHI),SAN-DA*ic);
```

// 将数据读入文件

```
        fprintf(f1,"%.7f\n",get_sin(i));
        fprintf(f2,"%.7f\n",get_il(i));
        fprintf(f3,"%.7f\n",IP);
        fprintf(f4,"%.7f\n",IP*get_sin(i));
        fprintf(f5,"%.7f\n",ic);

        IPqian=IP;
        icqian=ic;
    }
    closegraph();
    fclose(f1);
    fclose(f2);
    fclose(f3);
    fclose(f4);
    fclose(f5);
    return 0;
}
```

// 自定义函数:获得与电源电压同频同相并且幅值为 1V 的正弦信号

```
float get_sin(int j)
```

```c
{
    float p;

    p=sin(2*PAI*j/N_CAI);
    return p;
}

// 自定义函数:获得负载电流
float get_il(int j)
{
    float p;

    if(j<VARY)
    {
        if(((j%(N_CAI/2))<(N_CAI/2))&&((j/(N_CAI/2))%2)==0)
        {
            p=P1;
        }
        else if(((j%(N_CAI/2))<(N_CAI/2))&&((j/(N_CAI/2))%2)
        ==1)
        {
            p=-P1;
        }
        else
        {
            p=0;
        }
    }
    else
    {
        if(((j%(N_CAI/2))<(N_CAI/2))&&((j/(N_CAI/2))%2)==0)
        {
            p=P2;
        }
```

```
    else if(((j%(N_CAI/2))<(N_CAI/2))&&((j/(N_CAI/2))%2)
    ==1)
    {
        p=-P2;
    }
    else
    {
        p=0;
    }
}
return p;
}
```

对应 ZYDDSF1. C 文件的 MATLAB 仿真源程序 ZYDDSF1. m 文件为:

```
% 读入数据文件
load E:\111\SIN. DAT;
load E:\111\IL. DAT;
load E:\111\IP. DAT;
load E:\111\IPSIN. DAT;
load E:\111\IC. DAT;

% 绘制 SIN 波形
subplot(5,1,1);
plot(SIN,'k');
x1=0;
x2=4250;
y1=-1.5;
y2=+1.5;
axis([x1 x2 y1 y2]);

% 绘制 IL 波形
subplot(5,1,2);
plot(IL,'k');
x1=0;
x2=4250;
```

```
y1=-30;
y2=+30;
axis([x1 x2 y1 y2]);
```

% 绘制 IP 波形
```
subplot(5,1,3);
plot(IP,'k');
x1=0;
x2=4250;
y1=9;
y2=29;
axis([x1 x2 y1 y2]);
```

%绘制 IPSIN 波形
```
subplot(5,1,4);
plot(IPSIN,'k');
x1=0;
x2=4250;
y1=-30;
y2=+30;
axis([x1 x2 y1 y2]);
```

% 绘制 IC 波形
```
subplot(5,1,5);
plot(IC,'k');
x1=0;
x2=4250;
y1=-30;
y2=+30;
axis([x1 x2 y1 y2]);
```

　　运行 ZYDDSF1. C 文件,得到 SIN. dat、IL. dat、IP. dat、IPSIN. dat 和 IC. dat 数据文件,这些文件将为 ZYDDSF1. m 文件所用。运行 ZYDDSF1. m 文件,得到图 4-5-1。

　　将 ZYDDSF1. C 文件中的函数 get_il(int j)改为:

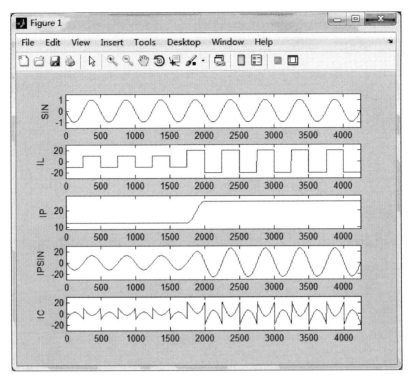

图 4-5-1　负载电流幅值由 10A 突然增大为 20A 时的仿真波形

```
float get_il(int j)
{
    float p;

    if(j<VARY)
    {
        if(((j%(N_CAI/2))<(N_CAI/2))&&((j/(N_CAI/2))%2)==0)
        {
            p=P1;
        }
        else if(((j%(N_CAI/2))<(N_CAI/2))&&((j/(N_CAI/2))%2)
        ==1)
        {
            p=-P1;
        }
    }
```

```c
        else
        {
            p=0;
        }
    }
    else if(j<(VARY+N_CAI))
    {
        if(((j%(N_CAI/2))<(N_CAI/2))&&((j/(N_CAI/2))%2)==0)
        {
            p=P1*(1+(j-VARY)*1.0/N_CAI);
        }
        else if(((j%(N_CAI/2))<(N_CAI/2))&&((j/(N_CAI/2))%2)
        ==1)
        {
            p=(-1)*P1*(1+(j-VARY)*1.0/N_CAI);
        }
        else
        {
            p=0;
        }
    }
    else
    {
        if(((j%(N_CAI/2))<(N_CAI/2))&&((j/(N_CAI/2))%2)==0)
        {
            p=2*P1;
        }
        else if(((j%(N_CAI/2))<(N_CAI/2))&&((j/(N_CAI/2))%2)
        ==1)
        {
            p=-2*P1;
        }
        else
        {
            p=0;
```

```
        }
    }
    return p;
}
```

得到 ZYDDSF2. C 文件。同理,运行 ZYDDSF2. C 和 ZYDDSF1. m 文件,得到图 4-5-2。

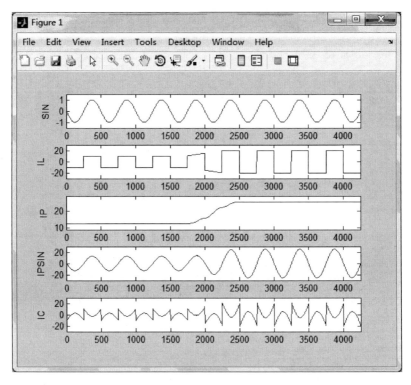

图 4-5-2　负载电流幅值在一个周期内线性增大时的仿真波形

将 ZYDDSF1. C 中的函数 get_il(int j)改为:

```
float get_il(int j)
{
    float p;
    if(j<VARY)
    {
        if(((j/(N_CAI/2))%2)==0)
        {
            p=P1;
```

```
        }
        else
        {
            p=-P1;
        }
    }
    else if(j<(VARY+N_CAI))
    {
        if(((j/(N_CAI/2))%2)==0)
        {
            p=P1-P1*pow(DI,j-VARY-N_CAI);
        }
        else
        {
            p=-1*(P1-P1*pow(DI,j-VARY-N_CAI));
        }
    }
    else
    {
        if(((j/(N_CAI/2))%2)==0)
        {
            p=P2;
        }
        else
        {
            p=-P2;
        }
    }
    return p;
}
```

　　得到 ZYDDSF3.C 文件。运行 ZYDDSF3.C 和 ZYDDSF1.m 文件,得到图 4-5-3。

　　从而得到该算法的仿真波形如图 4-5-1～图 4-5-3 所示,其中,图 4-5-1 为负载电流幅值突然增大时的仿真波形,图 4-5-2 为负载电流幅值在一个周期内线性增大时的仿真波形,图 4-5-3 为负载电流幅值在一个周期内按指数规律减小时的仿真波形。图中,SIN 为与电源电压同频同相并且幅值为 1V 的正弦信号,IL 为负载电流。IP、IPSIN、IC 分别为该方法计算出的基波有功电流幅值、基波有功电流、需要补偿的谐波与无功电流之和。由图 4-5-1～图 4-5-3 可以看出：当负载电流 IL 处于稳定状态时，IP 为一常数；当负载电流 IL 幅值发生变化时，IP 能够平滑地跟踪其理论值，其动态响应时间为 0.5 个周期。

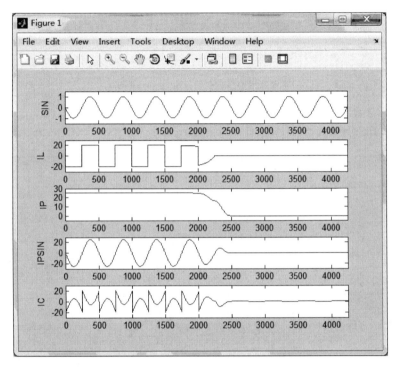

图 4-5-3　负载电流幅值在一个周期内按指数规律减小为 0A 时的仿真波形

4.6　双线性构造算法仿真

　　本节介绍双线性构造算法的仿真，内容包括算法简介、C 语言仿真源程序、MATLAB 仿真源程序和仿真波形。其中，算法简介包括基本概念定义、双线性构造理论、双线性构造算法和判别负载电流状态算法。

4.6.1　双线性构造算法简介

　　1. 定义

　　定义 4-6-1　如果负载电流 $i_L(t)$ 在一个周期 $[t_1, t_1+T]$ 内满足 $i_L(t) = i_L(t-T)$，那么 $i_L(t)$ 在这个周期 $[t_1, t_1+T]$ 内处于稳定状态。$i_L(t)$ 在这个周期 $[t_1, t_1+$

T]内:理论上的基波有功电流幅值为 $I_p^* = \dfrac{2}{T}\displaystyle\int_{t_1-T}^{t_1} i_L(t)\sin(\omega t)\mathrm{d}t = \dfrac{2}{T}\displaystyle\int_{t_1}^{t_1+T} i_L(t) \cdot$
$\sin(\omega t)\mathrm{d}t$，理论上的基波有功电流为 $I_p^*\sin(\omega t)$，理论上的谐波与无功电流之和为 $i_L(t)-I_p^*\sin(\omega t)$。

定义 4-6-2　如果负载电流 $i_L(t)$ 在一个周期 $[t_1,t_1+T]$ 内有任意一个时刻满足 $i_L(t)\neq i_L(t-T)$，那么 $i_L(t)$ 在这个周期 $[t_1,t_1+T]$ 内处于变化状态。

定义 4-6-3　假定:负载电流 $i_L(t)$ 在一个周期 $[t_1,t_1+T]$ 内处于稳定状态;其在这个周期内的 N 个连续采样$\left(\text{周期采样,采样周期为}\dfrac{T}{N}\right)$值为 $i_L(1),i_L(2),\cdots,$ $i_L(N)$，对应的 $\sin(\omega t)$ 的采样值为 $\sin(1\omega),\sin(2\omega),\cdots,\sin(N\omega)$；采样 $i_L(N)$ 的下一个采样为 $i_L(N+1)$，对应的 $\sin(\omega t)$ 的采样值为 $\sin[(N+1)\omega]$。若 $i_L(N+1)=i_L(1)$，则 $i_L(t)$ 在采样 $i_L(N+1)$ 时刻处于稳定状态。$i_L(t)$ 在采样 $i_L(N+1)$ 时刻:理论上的基波有功电流幅值为 $I_p^{(N+1)^*} = \dfrac{2}{T}\displaystyle\int_{t_1-T}^{t_1} i_L(t)\sin(\omega t)\mathrm{d}t = \dfrac{2}{T}\displaystyle\int_{t_1}^{t_1+T} i_L(t) \cdot$ $\sin(\omega t)\mathrm{d}t$，理论上的基波有功电流为 $I_p^{(N+1)^*}\sin[(N+1)\omega]$，理论上的谐波与无功电流之和为 $i_L(N+1)-I_p^{(N+1)^*}\sin[(N+1)\omega]$。

定义 4-6-4　假定:负载电流 $i_L(t)$ 在一个周期 $[t_1,t_1+T]$ 内处于稳定状态;其在这个周期内的 N 个连续采样$\left(\text{周期采样,采样周期为}\dfrac{T}{N}\right)$值为 $i_L(1),i_L(2),\cdots,$ $i_L(N)$，对应的 $\sin(\omega t)$ 的采样值为 $\sin(1\omega),\sin(2\omega),\cdots,\sin(N\omega)$；采样 $i_L(N)$ 的下一个采样为 $i_L(N+1)$，对应的 $\sin(\omega t)$ 的采样值为 $\sin[(N+1)\omega]$；若 $i_L(N+1)\neq$ $i_L(1)$，则 $i_L(t)$ 在采样 $i_L(N+1)$ 时刻处于变化状态。$i_L(t)$ 在采样 $i_L(N+1)$ 时刻:理论上的基波有功电流幅值为 $I_p^{(N+1)^*} = \dfrac{i_L(N+1)}{i_L(1)}\dfrac{2}{T}\displaystyle\int_{t_1-T}^{t_1} i_L(t)\sin(\omega t)\mathrm{d}t =$ $\dfrac{i_L(N+1)}{i_L(1)}\dfrac{2}{T}\displaystyle\int_{t_1}^{t_1+T} i_L(t)\sin(\omega t)\mathrm{d}t$，理论上的基波有功电流为 $I_p^{(N+1)^*}\sin[(N+1)\omega]$，理论上的谐波与无功电流之和为 $i_L(N+1)-I_p^{(N+1)^*}\sin[(N+1)\omega]$。

2. 双线性构造理论

假设负载电流 $i_L(t)$ 在一个周期 T 内的 N 个连续采样$\left(\text{周期采样,采样周期为}\dfrac{T}{N}\right)$值为 $i_L(1),i_L(2),\cdots,i_L(N)$，对应的与电源电压同频同相并且幅值为 $1\mathrm{V}$ 的正弦信号 $\sin(\omega t)$ 的 N 个采样值为 $\sin(1\omega),\sin(2\omega),\cdots,\sin(N\omega)$。假定 $i_L(t)$ 在这个周期内处于稳定状态,则使用式(4-3-2)可准确计算采样 $i_L(N)$ 时刻的基波有功电流幅值:

$$I_p^N = \frac{i_L(1)\sin(1\omega) + i_L(2)\sin(2\omega) + \cdots + i_L(N)\sin(N\omega)}{\sin^2(1\omega) + \sin^2(2\omega) + \cdots + \sin^2(N\omega)} \qquad (4\text{-}6\text{-}1)$$

假设 $i_L(t)$ 的下一个采样为 $i_L(N+1)$，对应的 $\sin(\omega t)$ 的采样值为 $\sin[(N+1)\omega]$。假定此时刻 $i_L(t)$ 处于稳定状态即 $i_L(N+1) = i_L(1)$，则使用式(4-3-2)可准确计算采样 $i_L(N+1)$ 时刻的基波有功电流幅值：

$$I_p^{N+1} = \frac{i_L(2)\sin(2\omega) + i_L(3)\sin(3\omega) + \cdots + i_L(N+1)\sin[(N+1)\omega]}{\sin^2(2\omega) + \sin^2(3\omega) + \cdots + \sin^2[(N+1)\omega]}$$

$$(4\text{-}6\text{-}2)$$

假定 $i_L(t)$ 在采样 $i_L(N+1)$ 时刻发生变化，即 $i_L(N+1) \neq i_L(1)$，则使用式(4-3-2)不能准确计算采样 $i_L(N+1)$ 时刻的基波有功电流幅值。但是，根据 $i_L(1)$、$i_L(N+1)$ 和在 $i_L(1)$ 到 $i_L(N)$ 的这个周期内[在这个周期内，$i_L(t)$ 处于稳定状态]的 $i_L(t)$ 可以构造一个 $i_L(t)'$。与 $i_L(1), i_L(2), \cdots, i_L(N)$ 相对应，假定构造的 $i_L(t)'$ 的 N 个连续采样值为 $i_L(1)', i_L(2)', \cdots, i_L(N)'$，则 $i_L(t)'$ 在 $i_L(1)'$ 到 $i_L(N)'$ 这个周期内满足：

$$\frac{i_L(t)'}{i_L(t)} = \frac{i_L(N+1)}{i_L(1)} = \lambda_p, \ i_L(1) \neq 0 \qquad (4\text{-}6\text{-}3)$$

即 $i_L(t)'$[在 $i_L(1)'$ 到 $i_L(N)'$ 这个周期内]与 $i_L(t)$[在 $i_L(1)$ 到 $i_L(N)$ 这个周期内]成正比。根据式(4-6-3)可得：$i_L(1)' = \lambda_p i_L(1) = i_L(N+1)$，$i_L(2)' = \lambda_p i_L(2)$，$\cdots$，$i_L(N)' = \lambda_p i_L(N)$。由这些采样值，使用式(4-3-2)可计算

$$\begin{aligned} I_p^{(N+1)'} &= \frac{i_L(1)'\sin(1\omega) + i_L(2)'\sin(2\omega) + \cdots + i_L(N)'\sin(N\omega)}{\sin^2(1\omega) + \sin^2(2\omega) + \cdots + \sin^2(N\omega)} \\ &= \lambda_p \frac{i_L(1)\sin(1\omega) + i_L(2)\sin(2\omega) + \cdots + i_L(N)\sin(N\omega)}{\sin^2(1\omega) + \sin^2(2\omega) + \cdots + \sin^2(N\omega)} = \lambda_p I_p^N \end{aligned}$$

$$(4\text{-}6\text{-}4)$$

根据定义 4-6-4，只要 N 足够大，在误差允许范围内，就可以认为 $I_p^{(N+1)'}$ 与采样 $i_L(N+1)$ 时刻理论上的基波有功电流幅值 $I_p^{(N+1)*}$ 相等。

此为计算基波有功电流幅值的一次线性构造理论，目的是求得采样 $i_L(N+1)$ 时刻的基波有功电流幅值 $I_p^{(N+1)'}$，并且确保 $I_p^{(N+1)'}$ 与采样 $i_L(N+1)$ 时刻理论上的基波有功电流幅值 $I_p^{(N+1)*}$ 相等。

采用一次线性构造理论计算采样 $i_L(N+1)$ 时刻的基波有功电流幅值 $I_p^{(N+1)'}$ 是以 $i_L(t)$ 在 $i_L(1)$ 到 $i_L(N)$ 这个周期内处于"稳定状态"为前提条件。这里，"稳定状态"可以理解为：如果使用式(4-6-1)计算出的 I_p^N 等于或者非常地接近采样 $i_L(N)$ 时刻理论上的基波有功电流幅值 I_p^{N*}，那么 $i_L(t)$ 在 $i_L(1)$ 到 $i_L(N)$ 这个周期内处于"稳定状态"。

当 $i_L(t)$ 的下一个采样 $i_L(N+2)$ 到来时，因为 $i_L(t)$ 在 $i_L(2)$ 到 $i_L(N+1)$ 这个

周期内不处于"稳定状态",即 $i_L(N+2)$ 处理的前提条件不成立,所以无法像处理 $i_L(N+1)$ 那样处理 $i_L(N+2)$,以求得采样 $i_L(N+2)$ 时刻的基波有功电流幅值并且确保它等于或者非常地接近采样 $i_L(N+2)$ 时刻理论上的基波有功电流幅值 $I_p^{(N+2)*}$。

虽然条件不成立,但可创造条件。由 $I_p^{(N+1)'}$,I_p^{N+1} 和在 $i_L(2)$ 到 $i_L(N+1)$ 这个周期内[在这个周期内,$i_L(t)$ 处于变化状态]的 $i_L(t)$ 可以构造一个 $i_L(t)''$。与 $i_L(2),i_L(3),\cdots,i_L(N+1)$ 相对应,假定构造的 $i_L(t)''$ 的 N 个连续采样值为 $i_L(2)'',i_L(3)'',\cdots,i_L(N+1)''$,则 $i_L(t)''$ 在 $i_L(2)''$ 到 $i_L(N+1)''$ 这个周期内满足:

$$\frac{i_L(t)''}{i_L(t)}=\frac{I_p^{(N+1)'}}{I_p^{N+1}}=\eta_p, \; I_p^{N+1}\neq0 \tag{4-6-5}$$

即 $i_L(t)''$[在 $i_L(2)''$ 到 $i_L(N+1)''$ 这个周期内]与 $i_L(t)$[在 $i_L(2)$ 到 $i_L(N+1)$ 这个周期内]成正比。根据式(4-6-5)可得:$i_L(2)''=\eta_p i_L(2)$,$i_L(3)''=\eta_p i_L(3)$,$\cdots$,$i_L(N+1)''=\eta_p i_L(N+1)$。由这些采样值,使用式(4-3-2)可计算

$$\begin{aligned}
I_p^{(N+1)''} &=\frac{i_L(2)''\sin(2\omega)+i_L(3)''\sin(3\omega)+\cdots+i_L(N+1)''\sin[(N+1)\omega]}{\sin^2(2\omega)+\sin^2(3\omega)+\cdots+\sin^2[(N+1)\omega]} \\
&=\eta_p\frac{i_L(2)\sin(2\omega)+i_L(3)\sin(3\omega)+\cdots+i_L(N+1)\sin[(N+1)\omega]}{\sin^2(2\omega)+\sin^2(3\omega)+\cdots+\sin^2[(N+1)\omega]} \\
&=\eta_p I_p^{(N+1)}=I_p^{(N+1)'}=I_p^{(N+1)*}
\end{aligned} \tag{4-6-6}$$

即 $i_L(t)''$ 在 $i_L(2)''$ 到 $i_L(N+1)''$ 这个周期内处于稳定状态。因此,可将 $i_L(2)''$ 到 $i_L(N+1)''$ 内的 $i_L(t)''$ 作为采样 $i_L(N+2)$ 前的那个处于"稳定状态"的周期,这就为 $i_L(N+2)$ 的处理创造了条件。

此为计算基波有功电流幅值的二次线性构造理论,目的是为采样 $i_L(N+2)$ 创造处理的前提条件。

计算基波有功电流幅值的一次线性构造理论和二次线性构造理论一起称为计算基波有功电流幅值的双线性构造理论。

3. 双线性构造算法

根据双线性构造理论可以准确计算基波有功电流幅值,但由其计算得到的某个采样时刻的基波有功电流幅值仅仅由两个时刻的采样值决定,它受到许多因素如电源频率等的影响。因此,只有当负载电流处于变化状态时,才使用双线性构造理论计算。当负载电流处于稳定状态时,应使用稳定可靠的直接计算法准确计算基波有功电流幅值。

假设原始采样值为 $i_L(1),i_L(2),\cdots,i_L(N+1),\sin(1\omega),\sin(2\omega),\cdots,\sin[(N+1)\omega]$;经双线性构造理论处理后对应的数据为 $i_L(1)',i_L(2)',\cdots,i_L(N+1)'$。显然 $i_L(N+1)'=i_L(N+1)$。I_p^N 为计算出的采样 $i_L(N)$ 时刻的基波有功电流幅值,它和采

样 $i_L(N)$ 时刻理论上的基波有功电流幅值 $I_p^{N^*}$ 相等。这样,可得到如下计算采样 $i_L(N+1)$ 时刻的基波有功电流幅值 $I_p^{(N+1)'}$ 的基于双线性构造理论的算法。

首先判别负载电流 $i_L(t)$ 在采样 $i_L(N+1)$ 时刻所处的状态。

若 $i_L(t)$ 在采样 $i_L(N+1)$ 时刻处于稳定状态,则

$$I_p^{(N+1)'}=\frac{i_L(2)\sin(2\omega)+i_L(3)\sin(3\omega)+\cdots+i_L(N+1)\sin[(N+1)\omega]}{\sin^2(2\omega)+\sin^2(3\omega)+\cdots+\sin^2[(N+1)\omega]}$$

$$i_L(2)'=i_L(2),i_L(3)'=i_L(3),\cdots,i_L(N+1)'=i_L(N+1)$$

若 $i_L(t)$ 在采样 $i_L(N+1)$ 时刻处于变化状态,则

$$\lambda_p=\frac{i_L(N+1)'}{i_L(1)'}$$

$$I_p^{(N+1)'}=\lambda_p I_p^{N'}$$

$$I_p^{(N+1)''}=\frac{i_L(2)'\sin(2\omega)+i_L(3)'\sin(3\omega)+\cdots+i_L(N+1)'\sin[(N+1)\omega]}{\sin^2(2\omega)+\sin^2(3\omega)+\cdots+\sin^2[(N+1)\omega]}$$

$$\eta_p=\frac{I_p^{(N+1)'}}{I_p^{(N+1)''}}$$

$$i_L(2)'=\eta_p i_L(2)',i_L(3)'=\eta_p i_L(3)',\cdots,i_L(N+1)'=\eta_p i_L(N+1)'$$

在采样 $i_L(N+1)$ 时刻:使用该算法可计算出 $I_p^{(N+1)'}$,则基波有功电流为 $I_p^{(N+1)'}\sin[(N+1)\omega]$,需要补偿的谐波与无功电流之和为 $i_L(N+1)-I_p^{(N+1)'}$ · $\sin[(N+1)\omega]$。这就是基于双线性构造算法的谐波与无功电流计算方法,简称双线性构造算法。

4. 基于动态迭代步长的判别负载电流状态算法

在双线性构造算法中,需要判别负载电流状态。毫无疑问,准确判别负载电流状态是必须解决的关键问题。

最优迭代算法提供了一种判别负载电流状态的思路。另外,根据该算法可知:只有当 $I_p^{N+1}=I_p^N$ 时,才能判定负载电流处于稳定状态,而即使负载电流处于稳定状态,由式(4-3-2)计算出的 I_p^{N+1} 和 I_p^N 相等的概率也很小。因此,可以考虑:当 $|I_p^{N+1}-I_p^N|<\alpha_p$($\alpha_p$ 为在误差允许范围内的正数)时,认为 $I_p^{N+1}=I_p^N$。因此,根据最优迭代算法,可得到如下一种基于固定迭代步长的判别负载电流状态算法[以采样 $i_L(N+1)$ 时刻为例说明]:

首先得到采样值 $i_L(1),i_L(2),\cdots,i_L(N+1),\sin(1\omega),\sin(2\omega),\cdots,\sin[(N+1)\omega]$;使用式(4-6-1)和式(4-6-2)分别计算 I_p^N 和 I_p^{N+1} 的值;设置 α_p 的初始值。

使用式(4-4-8)计算出 Δ 的值。若 $|I_p^{N+1}-I_p^N|<\alpha_p$,则 $\Delta=0$。

若 $\Delta \geqslant 0$,则使用式(4-4-6)计算出 ΔP_2 的值。若 $\Delta P_2 \geqslant 0$,则负载电流 $i_L(t)$ 在采样 $i_L(N+1)$ 时刻处于稳定状态;若 $\Delta P_2<0$,则 $i_L(t)$ 在采样 $i_L(N+1)$ 时刻处于

变化状态。

若 $\Delta<0$，则使用式(4-4-5)计算出 ΔP_1 的值。若 $\Delta P_1\geqslant0$，则负载电流 $i_\mathrm{L}(t)$ 在采样 $i_\mathrm{L}(N+1)$ 时刻处于稳定状态；若 $\Delta P_1<0$，则 $i_\mathrm{L}(t)$ 在采样 $i_\mathrm{L}(N+1)$ 时刻处于变化状态。

$i_\mathrm{L}(1)=i_\mathrm{L}(2),i_\mathrm{L}(2)=i_\mathrm{L}(3),\cdots,i_\mathrm{L}(N)=i_\mathrm{L}(N+1),i_\mathrm{L}(N+1)$ 等于它的下一个采样值；$\sin(1\omega)=\sin(2\omega),\sin(2\omega)=\sin(3\omega),\cdots,\sin(N\omega)=\sin[(N+1)\omega]$，$\sin[(N+1)\omega]$ 等于它的下一个采样值。

此算法采用固定迭代步长 h_p，h_p 的确定无疑是一个重要问题。无论是理论分析还是仿真与实验研究都表明：当 h_p 太大时，算法判定负载电流总是处于稳定状态；当 h_p 太小时，算法判定负载电流总是处于变化状态。要确定一个合适的 h_p 以使算法能够正确判定负载电流状态是比较困难的，因此寻求一种能够准确判别负载电流状态并且随负载电流的变化而变化的动态步长是十分必要的。

根据式(4-6-1)、式(4-6-2)、式(4-4-1)～式(4-4-3)可分别计算出 I_p^N、I_p^{N+1}、P_0、P_1 和 P_2 的值。

假设 $i_\mathrm{L}(t)$ 在采样 $i_\mathrm{L}(N+1)$ 时刻处于稳定状态，则有 $P_0\leqslant P_1$ 且 $P_0\leqslant P_2$。

由 $P_0\leqslant P_1$ 和 $P_0\leqslant P_2$ 可分别得到

$$h_\mathrm{p}\geqslant2\frac{\sum_{i=2}^{N+1}[i_\mathrm{L}(i)\sin(i\omega)]}{\sum_{i=2}^{N+1}\sin^2(i\omega)}-2I_\mathrm{p}^N=2(I_\mathrm{p}^{N+1}-I_\mathrm{p}^N)\tag{4-6-7}$$

$$h_\mathrm{p}\geqslant2(I_\mathrm{p}^N-I_\mathrm{p}^{N+1})\tag{4-6-8}$$

假设 $i_\mathrm{L}(t)$ 在采样 $i_\mathrm{L}(N+1)$ 时刻处于变化状态，则有 $P_0\geqslant P_1$ 或者 $P_0\geqslant P_2$。

由 $P_0\geqslant P_1$ 和 $P_0\geqslant P_2$ 可分别得到

$$h_\mathrm{p}\leqslant2(I_\mathrm{p}^{N+1}-I_\mathrm{p}^N)\tag{4-6-9}$$

$$h_\mathrm{p}\leqslant2(I_\mathrm{p}^N-I_\mathrm{p}^{N+1})\tag{4-6-10}$$

由式(4-6-7)～式(4-6-10)可知：$2|I_\mathrm{p}^{N+1}-I_\mathrm{p}^N|=2x_\mathrm{p}(x_\mathrm{p}=|I_\mathrm{p}^{N+1}-I_\mathrm{p}^N|)$ 是判别负载电流状态临界点。

在上面的基于固定迭代步长的判别负载电流状态算法中，取 $h_\mathrm{p}=2x_\mathrm{p}$ 或者 $h_\mathrm{p}>2x_\mathrm{p}$ 或者 $h_\mathrm{p}<2x_\mathrm{p}$ 则可研究判别负载电流状态临界点在算法中的作用。仿真研究表明：当 $h_\mathrm{p}=2x_\mathrm{p}$ 时，判定为负载电流有时处于稳定状态，而有时处于变化状态；当 $h_\mathrm{p}>2x_\mathrm{p}$ 时，判定为负载电流总是处于稳定状态；但当 $h_\mathrm{p}<2x_\mathrm{p}$ 时，算法能够正确地判别负载电流状态。因此，选择 $h_\mathrm{p}=2\beta_\mathrm{p}x_\mathrm{p}=2\beta_\mathrm{p}|I_\mathrm{p}^{N+1}-I_\mathrm{p}^N|$（$\beta_\mathrm{p}$ 为小于 1 的正数），将其分别代入式(4-4-5)和式(4-4-6)可得

$$\Delta P_1{}'=2(2\beta_\mathrm{p}|I_\mathrm{p}^{N+1}-I_\mathrm{p}^N|)\Delta+(2\beta_\mathrm{p}|I_\mathrm{p}^{N+1}-I_\mathrm{p}^N|)^2\mathrm{sum}\tag{4-6-11}$$

$$\Delta P_2{}'=-2(2\beta_\mathrm{p}|I_\mathrm{p}^{N+1}-I_\mathrm{p}^N|)\Delta+(2\beta_\mathrm{p}|I_\mathrm{p}^{N+1}-I_\mathrm{p}^N|)^2\mathrm{sum}\tag{4-6-12}$$

因此,使用式(4-4-8)、式(4-6-11)和式(4-6-12)可分别计算出 Δ、$\Delta P_1{}'$ 和 $\Delta P_2{}'$ 的值。

这样,以基于固定迭代步长的判别负载电流状态算法为基础,可得到如下基于动态迭代步长($h_p=2\beta_p x_p$)的判别负载电流状态算法[以采样 $i_L(N+1)$ 时刻为例说明]:

首先得到采样值 $i_L(1),i_L(2),\cdots,i_L(N+1),\sin(1\omega),\sin(2\omega),\cdots,\sin[(N+1)\omega]$;使用式(4-6-1)和式(4-6-2)分别计算 I_p^N 和 I_p^{N+1} 的值;设置 α_p 和 β_p 的初始值。

使用式(4-4-8)计算出 Δ 的值。若 $|I_p^{N+1}-I_p^N|<\alpha_p$,则 $\Delta=0$。

若 $\Delta\geqslant0$,则使用式(4-6-12)计算出 $\Delta P_2{}'$ 的值。若 $\Delta P_2{}'\geqslant0$,则负载电流 $i_L(t)$ 在采样 $i_L(N+1)$ 时刻处于稳定状态;若 $\Delta P_2{}'<0$,则 $i_L(t)$ 在采样 $i_L(N+1)$ 时刻处于变化状态。

若 $\Delta<0$,则使用式(4-6-11)计算出 $\Delta P_1{}'$ 的值。若 $\Delta P_1{}'\geqslant0$,则负载电流 $i_L(t)$ 在采样 $i_L(N+1)$ 时刻处于稳定状态;若 $\Delta P_1{}'<0$,则 $i_L(t)$ 在采样 $i_L(N+1)$ 时刻处于变化状态。

$i_L(1)=i_L(2),i_L(2)=i_L(3),\cdots,i_L(N)=i_L(N+1),i_L(N+1)$ 等于它的下一个采样值;$\sin(1\omega)=\sin(2\omega),\sin(2\omega)=\sin(3\omega),\cdots,\sin(N\omega)=\sin[(N+1)\omega]$,$\sin[(N+1)\omega]$ 等于它的下一个采样值。

4.6.2　仿真

根据该算法设计的 C 语言仿真源程序 SXXGZSF1.C 文件为:

```c
// 文件包含
#include<math. h>
#include<graphics. h>
#include<conio. h>
#include<alloc. h>
#include<ctype. h>
#include<dos. h>
#include<stdlib. h>
#include<string. h>
#include<bios. h>
#include<stdio. h>
#include<time. h>
#include<fcntl. h>
#include<io. h>
#include<process. h>
```

```
#include<conio.h>
#include<dos.h>
#include<graphics.h>
```

// 宏定义
```
#define     N_CAI        500
#define     ZONG_CAI     8*N_CAI
#define     VARY         4*N_CAI

#define     P1           10
#define     P2           20

#define     ERROR        0.00005
#define     CONSTANT     1.5

#define     PAI          3.14159265

#define     DA           4

#define     SHI          1
#define     SAN          240
#define     ZUO          50
```

// 自定义函数原型
```
float get_sin(int j);
float get_il(int j);
```

// 定义文件型指针
```
FILE *f1,*f2,*f3,*f4,*f5,*f6;
```

// 定义全局变量
```
int i;

float qian_state,state;
```

```
float IP,IPqian;
float cl_IP,cl_IPqian;
float ic,icqian;

float sin_sin_sum;
float il_sin_sum;
float cl_il_sin_sum;

float sin_sin[N_CAI+1];
float il_sin[N_CAI+1];
float cl_il_sin[N_CAI+1];

float cl_il[N_CAI+1];

float h1;

main()
{
    int j;

    float daita,daitaP1,daitaP2;
    float lamta,yita;

    float IPzhong;

    int gdriver= DETECT,gmode;

    initgraph(&gdriver,&gmode,"");

    if((f1=fopen("SIN.dat","w+"))==NULL)
    {
        printf("can't open file\n");
        exit(1);
    }
    if((f2=fopen("IL.dat","w+"))==NULL
```

```c
    {
        printf("can't open file\n");
        exit(1);
    }
    if((f3=fopen("STATE. dat","w+"))==NULL)
    {
        printf("can't open file\n");
        exit(1);
    }
    if((f4=fopen("IP. dat","w+"))==NULL)
    {
        printf("can't open file\n");
        exit(1);
    }
    if((f5=fopen("IPSIN. dat","w+"))==NULL)
    {
        printf("can't open file\n");
        exit(1);
    }
    if((f6=fopen("IC. dat","w+"))==NULL)
    {
        printf("can't open file\n");
        exit(1);
    }

    sin_sin_sum=0. 0;
    il_sin_sum=0. 0;
    cl_il_sin_sum=0. 0;

    for(i=0;i<ZONG_CAI;i++)
    {
        if(i%N_CAI==0)
        {
            if(i!=0)
            {
```

```
            getch();
            cleardevice();
        }
}

for(j=0;j<=(N_CAI- 1);j++)
{
    cl_il[j]=cl_il[j+1];

    sin_sin[j]=sin_sin[j+1];

    il_sin[j]=il_sin[j+1];
    cl_il_sin[j]=cl_il_sin[j+1];
}

cl_il[N_CAI]=get_il(i);

il_sin[N_CAI]=get_sin(i)*get_il(i);
cl_il_sin[N_CAI]=il_sin[N_CAI];

sin_sin[N_CAI]=get_sin(i)*get_sin(i);

sin_sin_sum=sin_sin_sum+sin_sin[N_CAI];

il_sin_sum=il_sin_sum+il_sin[N_CAI];
cl_il_sin_sum=cl_il_sin_sum+cl_il_sin[N_CAI];

if(i<=(N_CAI-1))
{
    continue;
}
else
{
    sin_sin_sum=sin_sin_sum-sin_sin[0];
    il_sin_sum=il_sin_sum-il_sin[0];
```

```
cl_il_sin_sum=cl_il_sin_sum-cl_il_sin[0];

IP=il_sin_sum/sin_sin_sum;
IPzhong=cl_il_sin_sum/sin_sin_sum;

h1=CONSTANT*fabs(IP-IPqian);
daita=(IPqian-IP)*sin_sin_sum;
daitaP1=2*daita+h1*h1*sin_sin_sum;
daitaP2=-2*daita+h1*h1*sin_sin_sum;

if(fabs(IP-IPqian)<ERROR)
{
    daita=0;
    daitaP1=0;
    daitaP2=0;
}

if(daita>=0)
{
    if(daitaP2>=0)
    {
        state=0;
    }
    else
    {
        state=1;
    }
}
else
{
    if(daitaP1>=0)
    {
        state=0;
    }
    else
```

```
            {
                state=1;
            }
        }

        if(state==0)
        {
            cl_IP=IP;
        }
        else
        {
            if(cl_il[0]==0)
            {
                cl_IP=cl_IPqian;
            }
            else if (cl_il[N_CAI]==0)
            {
                cl_IP=cl_IPqian;
            }
            else
            {
                lamta=cl_il[N_CAI]/cl_il[0];
                cl_IP=lamta*cl_IPqian;
                yita=cl_IP/IPzhong;

                cl_il_sin_sum=yita*cl_il_sin_sum;

                for(j=1;j<=N_CAI;j++)
                {
                    cl_il[j]=yita*cl_il[j];
                    cl_il_sin[j]=yita*cl_il_sin[j];
                }
            }
        }
    }
```

```
        ic=get_il(i)-= cl_IP*get_sin(i);
```

// 绘制与电源电压同频同相并且幅值为 1V 的正弦信号波形

```
        setcolor(YELLOW);
        line(ZUO+(i%N_CAI+1-SHI),SAN-5*DA*get_sin(i-1),ZUO+
        (i%N_CAI+2-SHI),SAN-5*DA*get_sin(i));
```

// 绘制负载电流波形

```
        setcolor(WHITE);
        line(ZUO+(i%N_CAI+1-SHI),SAN-DA*get_il(i-1),ZUO+(i%N
        _CAI+2-SHI),SAN-DA*get_il(i));
```

// 绘制负载电流状态波形

```
        setcolor(BLUE);
        line(ZUO+(i%N_CAI+1-SHI),SAN-30*DA*qian_state,ZUO+
        (i%N_CAI+2-SHI),SAN-30*DA*state);
```

// 绘制基波有功电流幅值波形

```
        setcolor(GREEN);
        line(ZUO+(i%N_CAI+1-SHI),SAN-DA*cl_IPqian,ZUO+(i%N_
        CAI+2-SHI),SAN-DA*cl_IP);
```

// 绘制基波有功电流波形

```
        setcolor(RED);
        line(ZUO+(i%N_CAI+1-SHI),SAN-DA*cl_IPqian*get_sin(i-
        1),ZUO+(i%N_CAI+2-SHI),SAN-DA*cl_IP*get_sin(i));
```

// 绘制谐波与无功电流之和的波形

```
        setcolor(GREEN);
        line(ZUO+(i%N_CAI+1-SHI),SAN-DA*icqian,ZUO+(i%N_CAI
        +2-SHI),SAN-DA*ic);
```

// 将数据读入文件

```
        fprintf(f1,"%.7f\n",get_sin(i));
        fprintf(f2,"%.7f\n",get_il(i));
        fprintf(f3,"%.7f\n",state);
```

```
    fprintf(f4,"%.7f\n",cl_IP);
    fprintf(f5,"%.7f\n",cl_IP*get_sin(i));
    fprintf(f6,"%.7f\n",ic);

    IPqian=IP;
    cl_IPqian=cl_IP;
    icqian=ic;
    qian_state=state;
  }
  closegraph();
  fclose(f1);
  fclose(f2);
  fclose(f3);
  fclose(f4);
  fclose(f5);
  fclose(f6);

  return 0;
}
```

// 自定义函数:获得与电源电压同频同相并且幅值为 1V 的正弦信号

```
float get_sin(int j)
{
    float p;

    p=sin(2*PAI*(j+0.5)/N_CAI);
    return p;
}
```

// 自定义函数:获得负载电流

```
float get_il(int j)
{
    float p;

    if(j<VARY)
    {
```

```
    if(((j/(N_CAI/2))%2)==0)
    {
        p=P1;
    }
    else
    {
        p=-P1;
    }
}
else
{
    if(((j/(N_CAI/2))%2)==0)
    {
        p=P2;
    }
    else
    {
        p=-P2;
    }
}
return p;
}
```

　　对应 SXXGZSF1. C 文件的 MATLAB 仿真源程序 SXXGZSF1. m 文件为:
% 读入数据文件

```
load E:\111\SIN. DAT;
load E:\111\IL. DAT;
load E:\111\STATE. DAT;
load E:\111\IP. DAT;
load E:\111\IPSIN. DAT;
load E:\111\IC. DAT;

% 绘制 SIN 波形
subplot(6,1,1);
plot(SIN,'k');
x1=0;
x2=3500;
```

```
y1=-1.5;
y2=+1.5;
axis([x1 x2 y1 y2]);

% 绘制 IL 波形
subplot(6,1,2);
plot(IL,'k');
x1=0;
x2=3500;
y1=-30;
y2=+30;
axis([x1 x2 y1 y2]);

% 绘制 STATE 波形
subplot(6,1,3);
plot(STATE,'k');
x1=0;
x2=3500;
y1=-0.3;
y2=+1.3;
axis([x1 x2 y1 y2]);

% 绘制 IP 波形
subplot(6,1,4);
plot(IP,'k');
x1=0;
x2=3500;
y1=9;
y2=29;
axis([x1 x2 y1 y2]);

% 绘制 IPSIN 波形
subplot(6,1,5);
plot(IPSIN,'k');
x1=0;
x2=3500;
```

```
y1=-30;
y2=+30;
axis([x1 x2 y1 y2]);

% 绘制 IC 波形
subplot(6,1,6);
plot(IC,'k');
x1=0;
x2=3500;
y1=-30;
y2=+30;
axis([x1 x2 y1 y2]);
```

　　运行 SXXGZSF1.C 文件，得到 SIN.dat、IL.dat、STATZ.dat、IP.dat、IP-SIN.dat 和 IC.dat 数据文件，这些文件将为 SXXGZSF1.m 文件所用。运行 SXXGZSF1.m 文件，得到图 4-6-1。

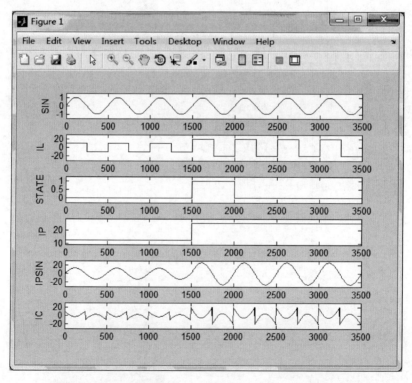

图 4-6-1　负载电流幅值从 10A 突然增大为 20A 时的仿真波形

将 SXXGZSF1. C 文件中的函数 get_il(int j)改为：

```
float get_il(int j)
{
    float p;

    if(j<VARY)
    {
        if(((j%(N_CAI/2))<(N_CAI/2))&&((j/(N_CAI/2))%2)==0)
        {
            p=P1;
        }
        else if(((j%(N_CAI/2))<(N_CAI/2))&&((j/(N_CAI/2))%2)
        ==1)
        {
            p=-P1;
        }
        else
        {
            p=0;
        }
    }
    else if(j<(VARY+N_CAI))
    {
        if(((j%(N_CAI/2))<(N_CAI/2))&&((j/(N_CAI/2))%2)==0)
        {
            p=P1*(1+(j-VARY)*1.0/N_CAI);
        }
        else if(((j%(N_CAI/2))<(N_CAI/2))&&((j/(N_CAI/2))%2)
        ==1)
        {
            p=(-1)*P1*(1+(j- VARY)*1.0/N_CAI);
        }
        else
        {
            p=0;
```

```
        }
    }
    else
    {
        if(((j%(N_CAI/2))<(N_CAI/2))&&((j/(N_CAI/2))%2)==0)
        {
            p=2*P1;
        }
        else if(((j%(N_CAI/2))<(N_CAI/2))&&((j/(N_CAI/2))%2)
        ==1)
        {
            p=-2*P1;
        }
        else
        {
            p=0;
        }
    }
    return p;
}
```

得到 SXXGZSF2. C 文件。同理，运行 SXXGZSF2. C 和 SXXGZSF1. m 文件，得到图 4-6-2。

将 SXXGZSF1. C 文件中的函数 get_il(int j)改为：

```
float get_il(int j)
{
    float p;
    if(j<VARY)
    {
        if(((j/(N_CAI/2))%2)==0)
        {
            p=P1;
        }
        else
        {
            p=-P1;
```

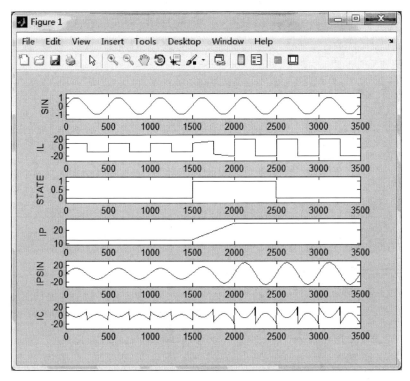

图 4-6-2　负载电流幅值在一个周期内线性增大时的仿真波形

```
    }
}
else if(j<(VARY+N_CAI))
{
    if(((j/(N_CAI/2))%2)==0)
    {
        p=P1-P1*pow(DI,j-VARY-N_CAI);
    }
    else
    {
        p=-1*(P1-P1*pow(DI,j-VARY-N_CAI));
    }
}
else
{
```

```
    if(((j/(N_CAI/2))%2)==0)
    {
        p=P2;
    }
    else
    {
        p=-P2;
    }
    }
    return p;
}
```

得到 SXXGZSF3.C 文件。运行 SXXGZSF3.C 和 SXXGZSF1.m 文件,得到图 4-6-3。

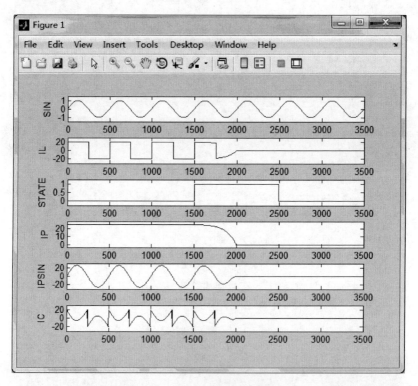

图 4-6-3　负载电流幅值在一个周期内按指数规律减小为 0A 时的仿真波形

通过以上操作得到该算法的仿真波形如图 4-6-1~图 4-6-3 所示。其中,图 4-6-1 为负载电流幅值突然增大时的仿真波形,图 4-6-2 为负载电流幅值在一个周期内线性增大时的仿真波形,图 4-6-3 为负载电流幅值在一个周期内按指数规律减小时的仿真波形。图中,SIN 为与电源电压同频同相并且幅值为 1V 的正弦信号,IL 为负载电流,STATZ 为负载电流状态。IP、IPSIN、IC 分别为该算法计算出的基波有功电流幅值、基波有功电流、需要补偿的谐波与无功电流之和。由图 4-6-1～图 4-6-3 可以看出:当负载电流 IL 处于稳定状态时,IP 为一常数并等于其理论值;当负载电流 IL 幅值发生变化时,IP 能够立即跟踪其理论值,其动态响应时间为 0s。

4.7 单相电路瞬时功率法仿真

本节介绍单相电路瞬时功率法的仿真,内容包括方法简介、C 语言仿真源程序、MATLAB 仿真模型和仿真波形。

4.7.1 单相电路瞬时功率法简介

由幅值为 1V 的电源电压 $u_s(t)[=\sin(\omega t)]$ 和负载电流 $i_L(t)$ 相乘可得到一单相电路瞬时功率:

$$
\begin{aligned}
p &= i_L(t)\sin(\omega t) \\
&= \sin(\omega t)\big[I_p^* \sin(\omega t) + I_q^* \cos(\omega t) + I_{2p}^* \sin(2\omega t) + I_{2q}^* \cos(2\omega t) + I_{3p}^* \sin(3\omega t) + \cdots\big] \\
&= \frac{I_p^*}{2} - \frac{I_p^*}{2}\cos(2\omega t) \\
&\quad + \sin(\omega t)\big[I_q^* \cos(\omega t) + I_{2p}^* \sin(2\omega t) + I_{2q}^* \cos(2\omega t) + I_{3p}^* \sin(3\omega t) + \cdots\big] \\
&= \bar{p} - \frac{I_p^*}{2}\cos(2\omega t) \\
&\quad + \sin(\omega t)\big[I_q^* \cos(\omega t) + I_{2p}^* \sin(2\omega t) + I_{2q}^* \cos(2\omega t) + I_{3p}^* \sin(3\omega t) + \cdots\big]
\end{aligned}
$$

$$(4\text{-}7\text{-}1)$$

式中,$\dfrac{I_p^*}{2} - \dfrac{I_p^*}{2}\cos(2\omega t)$ 为单相电路瞬时有功功率;$\bar{p} = \dfrac{I_p^*}{2}$ 为单相电路瞬时有功功率的直流分量。

这就是单相电路瞬时功率理论。该理论非常简单,可方便地应用于有源电力滤波器谐波与无功电流的检测。

根据单相电路瞬时功率理论可知:p 经过一个低通滤波器(lowpass filter,LPF)可得到 $\bar{p}$,由 $\bar{p}$ 乘以 2 可得到理论上的基波有功电流幅值 I_p^*,由 I_p^* 乘以 $\sin(\omega t)$ 可得到理论上的基波有功电流 $i_p^*(t)$。因此,由 $i_L(t)$ 减去 $i_p^*(t)$ 可得到理论上的谐波与无功电流之和 $i_c^*(t)$,这就是基于单相电路瞬时功率理论的谐波与无功电流检测方法,简称单相电路瞬时功率法。

单相电路瞬时功率法的检测电路如图 4-7-1 所示。其中,u_s 为电源电压、i_L

为负载电流,I_p、i_p、i_c分别为该方法检测出的基波有功电流幅值、基波有功电流、需要补偿的谐波与无功电流之和,LPF为低通滤波器,PLL为锁相环,其产生 $\sin(\omega t)$。$\sin(\omega t)$为与电源电压 $u_\mathrm{s}[=U_\mathrm{m}\sin(\omega t)]$同频同相的单位正弦信号。

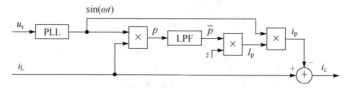

图 4-7-1　单相电路瞬时功率法的检测电路

4.7.2　仿真

根据单相电路瞬时功率法的检测电路,利用 MATLAB 7.12.0(R2011a)的 Simulink 模块库,可建立该方法的 MATLAB 仿真模型 SSGLF.mdl 文件,如图 4-7-2所示。

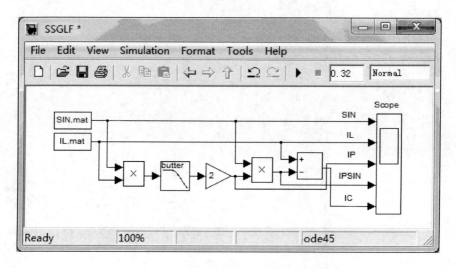

图 4-7-2　单相电路瞬时功率法的 MATLAB 仿真模型

文件 SIN.mat、IL.mat 对应的"从文件读取信号模块"分别产生与电源电压同频同相并且幅值为1V的正弦信号 SIN、负载电流 IL。它们的波形由这些文件中的数据决定,根据需要改变某一文件中的数据,则可以改变相应信号的波形,这样可以方便地对各种不同情况进行仿真。

IP、IPSIN、IC 分别为该方法检测出的基波有功电流幅值、基波有功电流、需要补偿的谐波与无功电流之和。SIN、IL、IP、IPSIN 和 IC 被送入"示波器模块(Scope)",这样可以在"Scope"中方便地研究与观察仿真波形。

　　单相电路瞬时功率法中的 LPF 的类型、截止频率和阶数对其检测精度、动态性能具有很大影响。通过理论分析并结合仿真研究确定：LPF 为截止频率 $f_c =$ 15 Hz 的二阶 Butterworth LPF，这和文献[14]的研究结果是基本一致的。

　　根据该方法设计的 C 语言仿真源程序文件 SSGLF1. C 如下：

```
// 文件包含
#include<math.h>
#include<graphics.h>
#include<conio.h>
#include<alloc.h>
#include<ctype.h>
#include<dos.h>
#include<stdlib.h>
#include<string.h>
#include<bios.h>
#include<stdio.h>
#include<time.h>
#include<fcntl.h>
#include<io.h>
#include<process.h>
#include<conio.h>
#include<dos.h>
#include<graphics.h>

// 宏定义
#define      DA          4

#define      N_CAI       500
#define      ZONG_CAI    13*N_CAI
#define      VARY        6*N_CAI

#define      P1          10
#define      P2          20

#define      PAI         3.14159265
```

```
#define        SHI         1
#define        SAN         240
#define        ZUO         50
```

```
// 自定义函数原型
float get_sin(int j);
float get_il(int j);
```

```
// 定义文件型指针
FILE *f1,*f2;
```

```
// 定义全局变量
int i;
```

```
main()
{
    int j;

    int gdriver=DETECT,gmode;

    init graph(&gdriver,&gmode,"");

    if((f1=fopen("SIN. dat","w+"))==NULL)
    {
        printf("can't open file\n");
        exit(1);
    }
    if((f2=fopen("IL. dat","w+"))==NULL)
    {
        printf("can't open file\n");
        exit(1);
    }

    for(i=0;i<ZONG_CAI;i++)
    {
        if(i%N_CAI==0)
```

```
    {
        if(i!=0)
        {
            getch();
            cleardevice();
        }
    }

    setcolor(BLUE);
    line(ZUO+(i%N_CAI+1-SHI),SAN,ZUO+(i%N_CAI+2-SHI),
    SAN);
```

// 绘制与电源电压同频同相并且幅值为 1V 的正弦信号波形
```
    setcolor(RED);
    line(ZUO+(i%N_CAI+1-SHI),SAN-5*DA*get_sin(i-1),ZUO+
    (i%N_CAI+2-SHI),SAN-5*DA*get_sin(i));
```

// 绘制负载电流波形
```
    setcolor(WHITE);
    line(ZUO+(i%N_CAI+1-SHI),SAN-DA*get_il(i-1),ZUO+(i%N
    _CAI+2-SHI),SAN-DA*get_il(i));
```

// 将数据读入文件
```
        fprintf(f1,"%.7f\n",get_sin(i));
        fprintf(f2,"%.7f\n",get_il(i));
    }
    closegraph();
    fclose(f1);
    fclose(f2);

    return 0;
}
```

// 自定义函数:获得与电源电压同频同相并且幅值为 1V 的正弦信号
```
float get_sin(int j)
{
```

```c
    float p;

    p=sin(2*PAI*(j+0.5)/N_CAI);
    return p;
}


// 自定义函数:获得负载电流
float get_il(int j)
{
    float p;

    if(j<VARY)
    {
        if(((j/(N_CAI/2))%2)==0)
        {
            p=P1;
        }
        else
        {
            p=-P1;
        }
    }
    else
    {
        if(((j/(N_CAI/2))%2)==0)
        {
            p=P2;
        }
        else
        {
            p=-P2;
        }
    }
    return p;
}
```

　　运行 SSGLF1. C,得到 SIN. dat 和 IL. dat 数据文件。

进入 MATLAB 命令窗口,通过以下步骤可由 SIN. dat 文件得到 SIN. mat 文件:

(1) 键入 load SIN. dat 按回车。

(2) 键入 SIN 按回车,将显示 SIN 的列矩阵。

(3) 键入 SIN＝SIN' 按回车,将显示 SIN 的行矩阵。

(4) 键入 y＝linspace(0.00004,0.26,6500) 按回车,将得到一个以 0.00004 为首项,逐次递增 0.00004 的时间行矩阵。其中,负载电流频率为 50Hz,则其周期为 0.02s。0.02 除以一个周期内的采样个数 500 得到 0.00004。6500 为总的采样个数,6500 乘以 0.00004 得到 0.26。

(5) 键入 lzc＝[y;SIN] 按回车,将得到一个两行的矩阵,其中第一行为采样时间,第二行为与采样时间对应的采样数据。

(6) 键入 save SIN. mat lzc 按回车,将得到 SIN. mat 文件。

同理,由 IL. dat 文件可得到 IL. mat 文件。得到 SIN. mat 和 IL. mat 文件后,在 MATLAB 中打开 SSGLF. mdl 文件,在菜单"Simulation"中选择"Start",开始仿真,仿真完成后,双击文件 SSGLF. mdl 中的"示波器模块(Scope)",得到图 4-7-3。

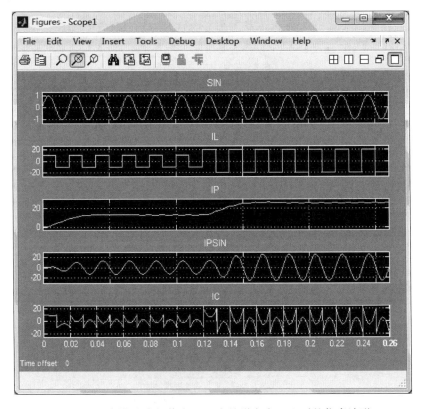

图 4-7-3　负载电流幅值由 10A 突然增大为 20A 时的仿真波形

将 SSGLF1.C 文件中的函数 get_il(int j)改为：

```c
float get_il(int j)
{
    float p;

    if(j<VARY)
    {
        if(((j%(N_CAI/2))<(N_CAI/2))&&((j/(N_CAI/2))%2)==0)
        {
            p=P1;
        }
        else if(((j%(N_CAI/2))<(N_CAI/2))&&((j/(N_CAI/2))%2)
        ==1)
        {
            p=-P1;
        }
        else
        {
            p=0;
        }
    }
    else if(j<(VARY+N_CAI))
    {
        if(((j%(N_CAI/2))<(N_CAI/2))&&((j/(N_CAI/2))%2)==0)
        {
            p=P1*(1+(j-VARY)*1.0/N_CAI);
        }
        else if(((j%(N_CAI/2))<(N_CAI/2))&&((j/(N_CAI/2))%2)
        ==1)
        {
            p=(-1)*P1*(1+(j-VARY)*1.0/N_CAI);
        }
        else
        {
            p=0;
```

```
        }
    }
    else
    {
        if(((j%(N_CAI/2))<(N_CAI/2))&&((j/(N_CAI/2))%2)==0)
        {
            p=2*P1;
        }
        else if(((j%(N_CAI/2))<(N_CAI/2))&&((j/(N_CAI/2))%2)
        ==1)
        {
            p=-2*P1;
        }
        else
        {
            p=0;
        }
    }
    return p;
    }
```

得到 SSGLF2. C 文件。运行 SSGLF2. C 文件,得到 SIN. dat 和 IL. dat 数据文件。同理,由 SIN. dat 和 IL. dat 文件可分别得到 SIN. mat 和 IL. mat 文件。使用 SSGLF. mdl 文件仿真,得到图 4-7-4。

将 SSGLF1. C 文件中的函数 get_il(int j)改为:

```
float get_il(int j)
{
    float p;
    if(j<VARY)
    {
        if(((j/(N_CAI/2))%2)==0)
        {
            p=P1;
        }
        else
        {
```

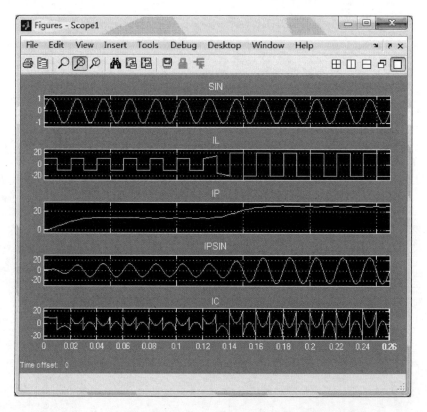

图 4-7-4　负载电流幅值在一个周期内线性增大时的仿真波形

```
        p=-P1;
    }
}
else if(j<(VARY+N_CAI))
{
    if(((j/(N_CAI/2))%2)==0)
    {
        p=P1-P1*pow(DI,j-VARY-N_CAI);
    }
    else
    {
        p=-1*(P1-P1*pow(DI,j-VARY-N_CAI));
    }
}
```

```
else
{
    if(((j/(N_CAI/2))%2)==0)
    {
        p=P2;
    }
    else
    {
        p=-P2;
    }
}
return p;
}
```

得到 SSGLF3.C 文件。同理,运行 SSGLF.3C 文件,再使用 SSGLF.mdl 文件仿真,得到图 4-7-5。

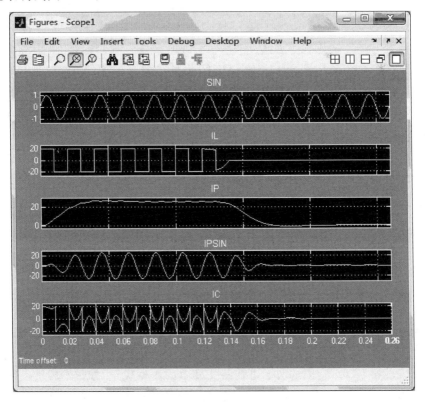

图 4-7-5 负载电流幅值按指数规律减小时的仿真波形

通过以上操作得到该方法的仿真波形如图4-7-3～图4-7-5所示,其中,图4-7-3为负载电流幅值突然增大时的仿真波形,图4-7-4为负载电流幅值在一个周期内线性增大时的仿真波形,图4-7-5为负载电流幅值在一个周期内按指数规律减小时的仿真波形。图中,SIN为与电源电压同频同相并且幅值为1V的正弦信号,IL为负载电流。IP、IPSIN、IC分别为该方法检测出的基波有功电流幅值、基波有功电流、需要补偿的谐波与无功电流之和。由图4-7-3～图4-7-5可以看出:当负载电流IL处于稳定状态时,IP为一变化很小的量;当负载电流IL幅值发生变化时,IP能够平滑地跟踪其理论值,其动态响应时间约为两个周期。

4.8　硬件电路自适应法仿真

本节介绍硬件电路自适应法的仿真,内容包括方法简介、C语言仿真源程序、MATLAB仿真模型和仿真波形。

4.8.1　硬件电路自适应法简介

硬件电路自适应法是一种基于自适应噪声对消技术原理的采用闭环硬件电路实现的自适应谐波与无功电流检测方法的简称,其检测电路如图4-8-1所示。其中,$i_L(t)$为负载电流、$u_s(t)=U_m\sin(\omega t)$为电源电压。其检测原理为:系统输出$i_c(t)$与$u_s(t)$通过乘法器M1相乘得到的干扰分量经积分器I1产生权重系数$W(t)$,$W(t)$与$u_s(t)$通过乘法器M2相乘得到反馈量$i_p(t)$,$i_p(t)$与$u_s(t)$同相变化从而消除$i_L(t)$中与$u_s(t)$相关联的干扰分量。此过程通过反馈环节不断调节,直到$i_c(t)$中与$u_s(t)$相关联的量为零。其中,$i_p(t)$、$i_c(t)$分别为该方法检测出的基波有功电流、需要补偿的谐波与无功电流之和。当$u_s(t)=U_m\sin(\omega t)=\sin(\omega t)$时,$W(t)$为基波有功电流幅值。

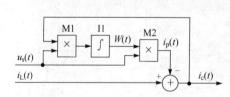

图4-8-1　硬件电路自适应法的检测电路

4.8.2　仿真

根据图4-8-1可建立该方法的MATLAB仿真模型YJDLZSYF.mdl文件[6,7],如图4-8-2所示。

文件SIN.mat、IL.mat、ICT.mat对应的"从文件读取信号模块"分别产生与电源电压同频同相并且幅值为1V的正弦信号SIN、负载电流IL、理论上的谐波与无功电流之和ICT。它们的波形由这些文件中的数据决定,根据需要改变某一文件中的数据,则可以改变相应信号的波形,这样可以方便地对各种不同情况进行仿真。

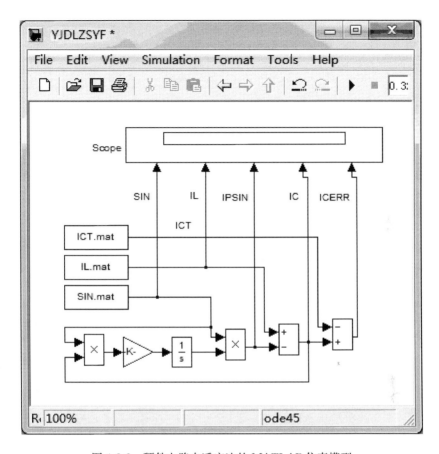

图 4-8-2　硬件电路自适应法的 MATLAB 仿真模型

IPSIN、IC、ICERR 分别为该方法检测出的基波有功电流、需要补偿的谐波与无功电流之和、误差(＝IC－ICT)。SIN、IL、IPSIN、IC 和 ICERR 被送入"示波器模块(Scope)",这样可以在"Scope"中方便地观察与比较该方法的仿真波形。

　　根据该方法和 YJDLZSYF.mdl 文件设计的 C 语言仿真源程序 YJDLZSYF.C 文件如下:

```
// 文件包含
#include<math.h>
#include<graphics.h>
#include<conio.h>
#include<alloc.h>
#include<ctype.h>
#include<dos.h>
```

```c
#include<stdlib.h>
#include<string.h>
#include<bios.h>
#include<stdio.h>
#include<time.h>
#include<fcntl.h>
#include<io.h>
#include<process.h>
#include<conio.h>
#include<dos.h>
#include<graphics.h>

// 宏定义
#define      DA           4

#define      N_CAI        500
#define      ZONG_CAI     13*N_CAI
#define      VARY         6*N_CAI

#define      P1           10
#define      P2           20

#define      PAI          3.14159265

#define      SHI          1
#define      SAN          240
#define      ZUO          50

// 自定义函数原型
float get_sin(int j);
float get_il(int j);

// 定义文件型指针
FILE *f1,*f2,*f3;
```

```
// 定义全局变量
int i;

float IP,IPqian;
float ic,icqian;

main()
{
    int j;

    int gdriver=DETECT,gmode;

    initgraph(&gdriver,&gmode,"");

    if((f1=fopen("SIN.dat","w+"))==NULL)
    {
        printf("can't open file\n");
        exit(1);
    }
    if((f2=fopen("IL.dat","w+"))==NULL)
    {
        printf("can't open file\n");
        exit(1);
    }
    if((f3=fopen("ICT.dat","w+"))==NULL)
    {
        printf("can't open file\n");
        exit(1);
    }

    for(i=0;i<ZONG_CAI;i++)
    {
        if(i%N_CAI==0)
        {
            if(i!=0)
```

```
        {
            getch();
            cleardevice();
        }
    }

    if(i<VARY)
    {
        IP=40/PAI;
    }
    else
    {
        IP=80/PAI;
    }

    ic=get_il(i)-IP*get_sin(i);

    setcolor(BLUE);
    line(ZUO+(i%N_CAI+1-SHI),SAN,ZUO+(i%N_CAI+2-SHI),
    SAN);
```

// 绘制与电源电压同频同相并且幅值为 1V 的正弦信号波形

```
    setcolor(RED);
    line(ZUO+(i%N_CAI+1-SHI),SAN-5*DA*get_sin(i-1),ZUO+
    (i%N_CAI+2-SHI),SAN-5*DA*get_sin(i));
```

// 绘制负载电流波形

```
    setcolor(WHITE);
    line(ZUO+(i%N_CAI+1-SHI),SAN-DA*get_il(i-1),ZUO+(i%
    N_CAI+2-SHI),SAN-DA*get_il(i));
```

// 绘制谐波与无功电流理论值的波形

```
    setcolor(YELLOW);
    line(ZUO+(i%N_CAI+1-SHI),SAN-DA*icqian,ZUO+(i%N_CAI
    +2-SHI),SAN-DA*ic);
```

// 将数据读入文件

```
        fprintf(f1,"%.7f\n",get_sin(i));
        fprintf(f2,"%.7f\n",get_il(i));
        fprintf(f3,"%.7f\n",get_il(i)-IP*get_sin(i));

        IPqian=IP;
        icqian=ic;
    }
    closegraph();
    fclose(f1);
    fclose(f2);
    fclose(f3);

    return 0;
}
```

// 自定义函数:获得与电源电压同频同相并且幅值为 1V 的正弦信号

```
float get_sin(int j)
{
    float p;

    p=sin(2*PAI*(j+0.5)/N_CAI);
    return p;
}
```

// 自定义函数:获得负载电流

```
float get_il(int j)
{
    float p;

    if(j<VARY)
    {
        if(((j/(N_CAI/2))%2)==0)
        {
            p=P1;
```

```
        }
        else
        {
            p=-P1;
        }
    }
    else
    {
        if(((j/(N_CAI/2))%2)==0)
        {
            p=P2;
        }
        else
        {
            p=-P2;
        }
    }
    return p;
}
```

运行 YJDLZSYF.C 文件,得到 SIN.dat、IL.dat 和 ICT.dat 数据文件,根据 4.7.2 节的步骤,由这些文件可分别得到 SIN.mat、IL.mat 和 ICT.mat 文件。

在 YJDLZSYF.mdl 文件中,将"增益模块"的积分增益 G 分别设置为 200、400 和 600,使用 YJDLZSYF.mdl 文件仿真,可分别得到负载电流幅值突然增大时的仿真波形如图 4-8-3~图 4-8-5 所示。图中,SIN 为与电源电压同频同相并且幅值为 1V 的正弦信号;IL 为负载电流,IPSIN、IC、ICERR 分别为该方法检测出的基波有功电流、谐波与无功电流之和、误差($=$IC$-$ICT)。由仿真波形可以看出:当 IL 处于稳定状态时(图 4-8-3~图 4-8-5 中的 0.04~0.12s 和 0.16~0.26s 时间段),$G=600$时的检测精度明显低于 $G=400$ 时的检测精度,而 $G=400$ 时的检测精度明显低于 $G=200$ 时的检测精度。因此,G 越大,该方法的稳态检测精度越低;G 越小,该方法的稳态检测精度越高。当 IL 幅值由 10A 突然增大为 20A 时(图 4-8-3~图 4-8-5 中的 0.12s 时刻),$G=600$ 时的动态响应时间明显短于 $G=400$ 时的动态响应时间,$G=400$ 时的动态响应时间明显短于 $G=200$ 时的动态响应时间。而由图 4-8-3~图 4-8-5 中的 0.12~0.16s 时间段可知:$G=600$ 时的检测精度明显高于 $G=400$ 时的检测精度,$G=400$ 时的检测精度明显高于 $G=200$ 时的检测精度。因此,G 越大,该方法的动态响应时间越短并且检测精度越高。因而 G 越大,该方法的自适应能力越强;G 越小,其自适应能力越弱。

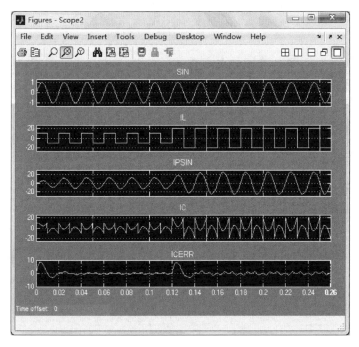

图 4-8-3　负载电流幅值突然增大时的仿真波形($G=200$)

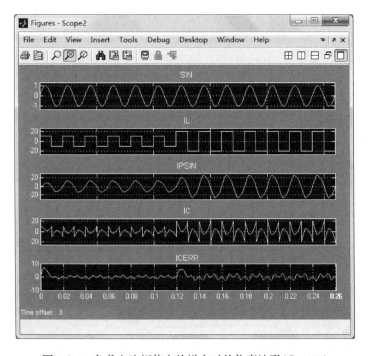

图 4-8-4　负载电流幅值突然增大时的仿真波形($G=400$)

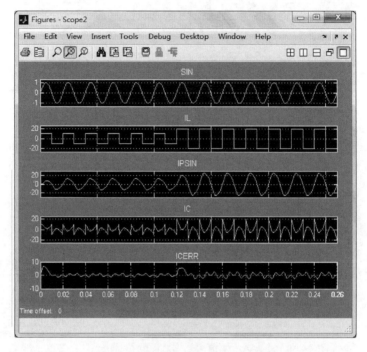

图 4-8-5　负载电流幅值突然增大时的仿真波形($G=600$)

4.9　神经元自适应法仿真

本节介绍神经元自适应法的仿真,内容包括算法简介、C 语言仿真源程序、MATLAB 仿真源程序和仿真波形。

4.9.1　神经元自适应法简介

神经元自适应法是一种基于自适应噪声对消技术原理的采用单个神经元实现的自适应谐波与无功电流检测方法的简称,其检测电路如图 4-9-1 所示。

参考输入由电源电压 $u_s(t)$ 和它在当前时刻以前的若干个时刻的值组成,它们构成的输入矢量为

$$X(k)=[u_s(k),u_s(k-1),\cdots,u_s(k-n+1)]^T \tag{4-9-1}$$

神经元的净输入为

$$s(k)=\sum_{i=1}^{n}w_i(k)x_i(k)+\theta(k) \tag{4-9-2}$$

神经元的输出为

$$i_r(k)=f(s(k)) \tag{4-9-3}$$

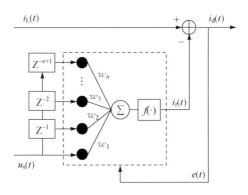

图 4-9-1　神经元自适应法的检测电路

式中，w_i 为神经元的权值；θ 为神经元的阀值；$f(x)$ 为激活函数。

取 $f(x)=x$，则神经元的输出为

$$i_r(k) = \sum_{i=1}^{n} w_i(k)x_i(k) + \theta(k) \tag{4-9-4}$$

神经元的学习采用有监督的 delta 学习规则，通过 $e(k)$ 来调节权值和阀值。相应的修正公式为

$$w_i(k+1)=w_i(k)+\eta e(k)x_i(k)+\alpha[w_i(k)-w_i(k-1)], \quad i=1,2,\cdots,n+1 \tag{4-9-5}$$

$$\theta(k+1)=\theta(k)+\eta e(k)+\alpha[\theta(k)-\theta(k-1)] \tag{4-9-6}$$

式中，η 为学习率（$0<\eta\leqslant1$）；α 为惯性系数。

使用此算法经过若干次迭代，$e^2(k)$ 逐渐趋于最小值，权值接近最佳值，此时神经元的输出 $i_r(t)$ 逼近非线性负载电流 $i_L(t)$ 中理论上的基波有功电流 $i_p^*(t)$，从而系统输出 $i_d(t)$ 逼近 $i_L(t)$ 中理论上的谐波与无功电流之和 $i_c^*(t)$，完成谐波与无功电流的检测。

4.9.2　仿真

根据该方法，当 $N=14,n=1,\eta=0.15,\alpha=0.01$，负载电流幅值由 0.5A 突然增大为 1A 时的 C 语言仿真源程序 SJYZSYF.C 文件如下：

```
// 文件包含
#include<math.h>
#include<graphics.h>
#include<conio.h>
#include<alloc.h>
#include<ctype.h>
#include<dos.h>
```

```c
#include<stdlib.h>
#include<string.h>
#include<bios.h>
#include<stdio.h>
#include<time.h>
#include<fcntl.h>
#include<io.h>
#include<process.h>
#include<conio.h>
#include<dos.h>
#include<graphics.h>
```

// 宏定义

```c
#define      DA          80.0

#define      N_CAI       14
#define      ZONG_CAI    280
#define      VARY        140

#define      P1          0.5
#define      P2          1.0

#define      PAI         3.14159265

#define      SHI         1
#define      SAN         240
#define      ZUO         5
#define      X           25

#define      YITA        0.15
#define      ARERFA      0.01

#define      A           1.27323956
```

// 自定义函数原型

```
float get_il(int j);
float get_sin(int j);

// 定义全局变量
float IP_T;

float SIN,SINQIAN;
float IL,ILQIAN;
float IPSIN,IPSINQIAN;
float IC,ICQIAN;

float S;
float E;

float W1,W1JIA1,W1JIA11;
float SE1,SE1JIA1,SE1JIA11;

int i;

// 定义文件型指针
FILE *f1,*f2,*f3,*f4,*f5;

main()
{
    int j;

    int gdriver=DETECT,gmode;

    initgraph(&gdriver,&gmode,"");

    SINQIAN=0.0;
    ILQIAN=0.0;
    IPSINQIAN=0.0;
    ICQIAN=0.0;
```

```
SE1=0.0;
SE1JIA1=0.0;
SE1JIA11=0.0;

W1=(random(100)-50.0)/51.0;
W1JIA1=(random(100)-50.0)/51.0;
W1JIA11=(random(100)-50.0)/51.0;

if((f1=fopen("SIN.dat","w+"))==NULL)
{
    printf("can't open file\n");
    exit(1);
}
if((f2=fopen("IL.dat","w+"))==NULL)
{
    printf("can't open file\n");
    exit(1);
}
if((f3=fopen("IPSIN.dat","w+"))==NULL)
{
    printf("can't open file\n");
    exit(1);
}
if((f4=fopen("IC.dat","w+"))==NULL)
{
    printf("can't open file\n");
    exit(1);
}
if((f5=fopen("ICERR.dat","w+"))====NULL)
{
    printf("can't open file\n");
    exit(1);
}


for(i=0;i<ZONG_CAI;i++)
```

```
    {
        if(i%N_CAI==0)
        {
            if(i!=0)
            {
                getch();
                cleardevice();
            }
        }

        {
            SIN=get_sin(i);
            IL=get_il(i);

            S=W1JIA1*SIN+SE1JIA1;
            IPSIN=S;
            IC=IL-IPSIN;
            E=IC;

            W1JIA11=W1JIA1+YITA*E*SIN+ARERFA*(W1JIA1-W1);
            W1=W1JIA1;
            W1JIA1=W1JIA11;

            SE1JIA11=SE1JIA1+YITA*E+ARERFA*(SE1JIA1-SE1);
            SE1=SE1JIA1;
            SE1JIA1=SE1JIA11;
        }

        setcolor(BLUE);
        line(ZUO+((i%N_CAI)*X-SHI),SAN,ZUO+(((i+1)%N_CAI)*X-
        SHI),SAN);

// 绘制与电源电压同频同相并且幅值为 1V 的正弦信号波形
        setcolor(GREEN);
        line(ZUO+((i%N_CAI)*X-SHI),SAN-DA*SINQIAN,ZUO+(((i+
```

```
        1)%N_CAI)*X-SHI),SAN-DA*SIN);
```

// 绘制负载电流波形
```
        setcolor(WHITE);
        line(ZUO+((i%N_CAI)*X-SHI),SAN-DA*ILQIAN,ZUO+(((i+
        1)%N_CAI)*X-SHI),SAN-DA*IL);
```

// 绘制基波有功电流波形
```
        setcolor(RED);
        line(ZUO+((i%N_CAI)*X-SHI),SAN-DA*IPSINQIAN,ZUO+(((i
        +1)%N_CAI)*X-SHI),SAN-DA*IPSIN);
```

// 绘制谐波与无功电流之和的波形
```
        setcolor(YELLOW);
        line(ZUO+((i%N_CAI)*X-SHI),SAN-DA*ICQIAN,ZUO+(((i+
        1)%N_CAI)*X-SHI),SAN-DA*IC);
```

// 将数据读入文件
```
        fprintf(f1,"%.7f\n",SIN);
        fprintf(f2,"%.7f\n",IL);
        fprintf(f3,"%.7f\n",IPSIN);
        fprintf(f4,"%.7f\n",IC);
        fprintf(f5,"%.7f\n",(IP_T*SIN-IPSIN));

        SINQIAN=SIN;
        ILQIAN=IL;
        IPSINQIAN=IPSIN;
        ICQIAN=IC;
    }
    closegraph();
    fclose(f1);
    fclose(f2);
    fclose(f3);
    fclose(f4);
    fclose(f5);
```

```
    return 0;
}

// 自定义函数:获得负载电流
float get_il(int j)
{
    float p;

    if(j<VARY)
    {
        IP_T=0.5*A;

        if(((j/(N_CAI/2))%2)==0)
        {
            p=P1;
        }
        else
        {
            p=-P1;
        }
        if(j%(N_CAI/2)==0)
        {
            p=0.0;
        }
    }
    else
    {
        IP_T=A;

        if(((j/(N_CAI/2))%2)==0)
        {
            p=P2;
        }
        else
        {
```

```
            p=-P2;
        }
        if(j%(N_CAI/2)==0)
        {
            p=0.0;
        }
    }
    return p;
}


// 自定义函数:获得与电源电压同频同相并且幅值为 1V 的正弦信号
float get_sin(int j)
{
    float p;

    p=sin(2*PAI*j/N_CAI);
    return p;
}
```

对应 SJYZSYF1.C 文件的 MATLAB 仿真源程序 SJYZSYF.m 文件如下:

```
% 读入数据文件
load E:\111\SIN.DAT;
load E:\111\IL.DAT;
load E:\111\IPSIN.DAT;
load E:\111\IC.DAT;
load E:\111\IC.DAT;
load E:\111\ICERR.DAT;


% 绘制 SIN 波形
subplot(5,1,1);
plot(SIN,'k');
x1=0;
x2=280;
y1=-2.0;
```

```
y2=+2.0;
axis([x1 x2 y1 y2]);
```

% 绘制 IL 波形
```
subplot(5,1,2);
plot(IL,'k');
x1=0;
x2=280;
y1=-2.0;
y2=+2.0;
axis([x1 x2 y1 y2]);
```

% 绘制 IPSIN 波形
```
subplot(5,1,3);
plot(IPSIN,'k');
x1=0;
x2=280;
y1=-2.0;
y2=+2.0;
axis([x1 x2 y1 y2]);
```

% 绘制 IC 波形
```
subplot(5,1,4);
plot(IC,'k');
x1=0;
x2=280;
y1=-2;
y2=+2;
axis([x1 x2 y1 y2]);
```

% 绘制 ICERR 波形
```
subplot(5,1,5);
plot(ICERR,'k');
x1=0;
x2=280;
```

```
y1=-1.0;
y2=+1.0;
axis([x1 x2 y1 y2]);
```

　　运行 SJYZSYF. C 文件,得到 SIN. dat、IL. dat、IP. dat、IPSIN. dat 和 IC. dat 数据文件,这些文件将为 SJYZSYF. m 文件所用。运行 SJYZSYF. m 文件,得到图 4-9-2。

　　同理,根据需要对 SJYZSYF. C 文件中的 N、n、η 和 α 作简单修改,然后分别运行 SJYZSYF. C 和 SJYZSYF. m 文件,可得到图 4-9-3～图 4-9-8。

　　从而得到该算法的仿真波形如图 4-9-2～图 4-9-8 所示,其中,SIN 为与电源电压同频同相并且幅值为 1V 的正弦信号,IL 为负载电流。IPSIN、IC、ICERR 分别为神经元自适应法计算出的基波有功电流、谐波与无功电流之和、误差(＝IC－ICT)。

　　比较图 4-9-2、图 4-9-3 和图 4-9-4 可知:在 n、η 和 α 不变的情况下,$N=14$ 比 $N=20$ 的检测精度高,$N=20$ 比 $N=40$ 的检测精度高;$N=14$ 的动态响应时间(约为 2 个周期)比 $N=20$ 的动态响应时间(约为 1.5 个周期)长,$N=20$ 的动态响应时间(约为 1.5 个周期)比 $N=40$ 的动态响应时间(约为 1 个周期)长。可见:在一定范围内,N 越小,该方法的检测精度越高,而其动态响应时间越长。所以,N 对该方法的检测精度和动态响应时间影响较大,它既不能太大也不能太小,应选择适中。

　　比较图 4-9-3、图 4-9-5 和图 4-9-6 可知:在 N、η 和 α 不变的情况下,$n=1$ 比 $n=2$ 的检测精度高,而 $n=2$ 比 $n=5$ 的检测精度高;$n=1$ 的动态响应时间(约为 1.5 个周期)比 $n=2$ 的动态响应时间(约为 1 个周期)稍长,$n=2$ 的动态响应时间(约为 1 个周期)比 $n=5$ 的动态响应时间稍长。可见:n 越小,该方法的检测精度越高。n 对该方法的检测精度影响较大,而对该方法的动态响应时间影响不大。因此,考虑该方法的检测精度和动态响应时间,并兼顾该方法的计算量、复杂度等,n 应越小越好,故取 $n=1$。

　　比较图 4-9-3 和图 4-9-7 可知:在 N、n 和 α 不变的情况下,$\eta=0.08$ 比 $\eta=0.15$ 的检测精度高,而 $\eta=0.08$ 的动态响应时间(约为 3 个周期)比 $\eta=0.15$ 的动态响应时间(约为 1.5 个周期)长。可见:η 越小,该方法的检测精度越高,而其动态响应时间越长。所以,η 对该方法的检测精度和动态响应时间影响较大,它既不能太大也不能太小,应选择适中。

　　比较图 4-9-3 和图 4-9-8 可知:在 N、n 和 η 不变的情况下,$\alpha=0.01$ 和 $\alpha=0.10$ 的检测精度无明显差别;$\alpha=0.01$ 和 $\alpha=0.10$ 的动态响应时间(都约为 1.5 个周期)也无明显差别。可见:α 对该方法的检测精度和动态响应时间影响很小。为减小该方法的计算量并简化该方法,应取 $\alpha=0$。

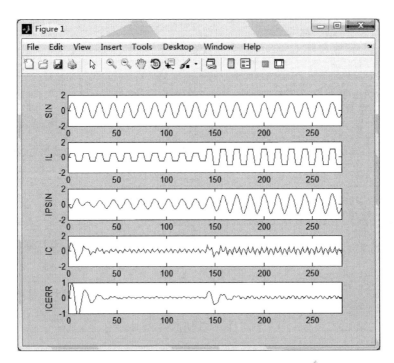

图 4-9-2　$N=14$、$n=1$、$\eta=0.15$ 和 $\alpha=0.01$ 时的仿真波形

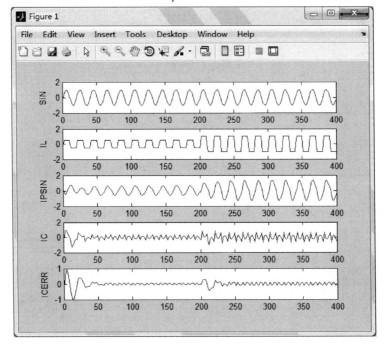

图 4-9-3　$N=20$、$n=1$、$\eta=0.15$ 和 $\alpha=0.01$ 时的仿真波形

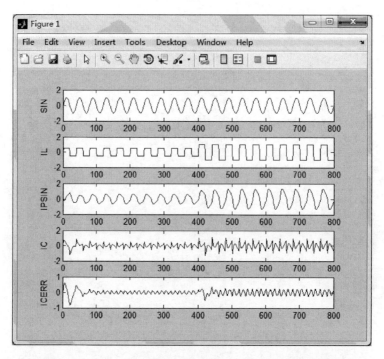

图 4-9-4　$N=40$、$n=1$、$\eta=0.15$ 和 $\alpha=0.01$ 时的仿真波形

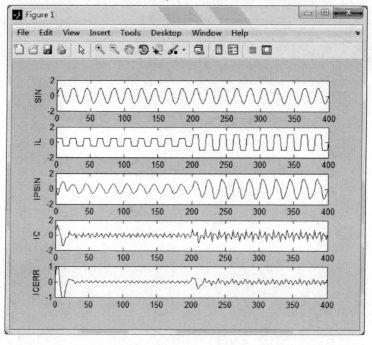

图 4-9-5　$N=20$、$n=2$、$\eta=0.15$ 和 $\alpha=0.01$ 时的仿真波形

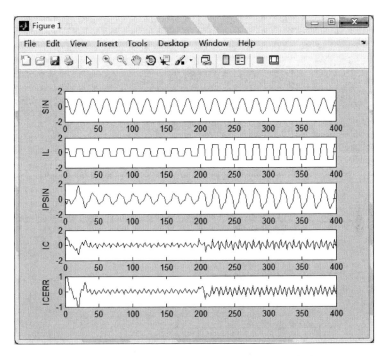

图 4-9-6　$N=20$、$n=5$、$\eta=0.15$ 和 $\alpha=0.01$ 时的仿真波形

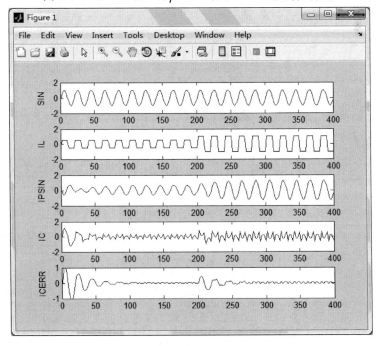

图 4-9-7　$N=20$、$n=1$、$\eta=0.08$ 和 $\alpha=0.01$ 时的仿真波形

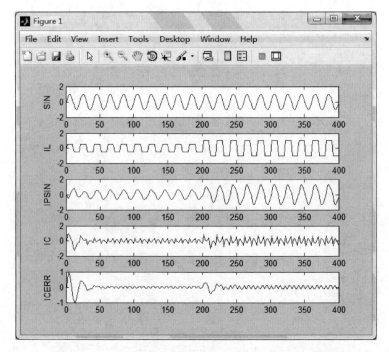

图 4-9-8　$N=20$、$n=1$、$\eta=0.15$ 和 $\alpha=0.10$ 时的仿真波形

4.10　神经网络自适应法仿真

本节介绍神经网络自适应法的仿真,内容包括算法简介、C 语言仿真源程序、MATLAB 仿真源程序和仿真波形。

4.10.1　神经网络自适应法简介

神经网络自适应法是一种基于自适应噪声对消技术原理的采用三层前馈神经网络实现的自适应谐波与无功电流检测方法的简称,其检测电路如图 4-10-1 所示。其中,$u_s(t)$ 为电源电压、$i_L(t)$ 为非线性负载电流。图中的 TLFNN 采用三层前馈神经网络实现。参考输入由电源电压 $u_s(t)$ 和它在当前时刻以前的若干个时刻的值组成。

输入层:

$$X_1(k)=[u_s(k),u_s(k-1),\cdots,u_s(k-n_1+1)]^{\mathrm{T}} \qquad (4\text{-}10\text{-}1)$$

隐层:

$$s_{2i}(k)=\sum_{j=1}^{n_1} w_{2ij}(k)x_{1j}(k)+\theta_{2i}(k),i=1,2,\cdots,n_2 \qquad (4\text{-}10\text{-}2)$$

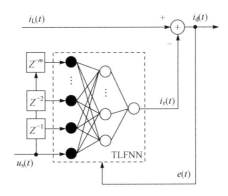

图 4-10-1 神经网络自适应法的检测电路

$$x_{2i}(k)=f_2(s_{2i}(k)),i=1,2,\cdots,n_2,f_2(x)=\frac{1-e^{-x}}{1+e^{-x}} \qquad (4\text{-}10\text{-}3)$$

输出层：

$$s_3(k)=\sum_{i=1}^{n_2}\left[w_{3i}(k)x_{2i}(k)\right]+\theta_3(k) \qquad (4\text{-}10\text{-}4)$$

$$i_r(k)=f_3(s_3(k)),f_3(x)=x \qquad (4\text{-}10\text{-}5)$$

其中，w_{2i} 为输入层和隐层之间的权值；w_{3i} 为隐层和输出层之间的权值；θ_{2i} 和 θ_3 为阀值。

TLFNN 的学习采用误差反传(BP)算法，BP 学习算法通过误差 $e(k)$ 来调节权值和阀值。相应的修正公式为

$$\delta(k)=e(k)f_3{}'(s_3(k)) \qquad (4\text{-}10\text{-}6)$$

$$w_{3i}(k+1)=w_{3i}(k)+\eta\delta(k)x_{2i}(k),i=1,2,\cdots,n_2 \qquad (4\text{-}10\text{-}7)$$

$$\theta_3(k+1)=\theta_3(k)+\eta\delta(k) \qquad (4\text{-}10\text{-}8)$$

$$w_{2ij}(k+1)=w_{2ij}(k)+\eta\delta(k)f_2{}'(s_{2i}(k))w_{3i}(k)x_{1j}(k),$$
$$j=1,2,\cdots,n_1;i=1,2,\cdots,n_2 \qquad (4\text{-}10\text{-}9)$$

$$\theta_{2i}(k+1)=\theta_{2i}(k)+\eta\delta(k)f_2{}'(s_{2i}(k))w_{3i}(k),i=1,2,\cdots,n_2 \qquad (4\text{-}10\text{-}10)$$

其中，η 为学习率，$f_3{}'(x)=1,f_2{}'(x)=\dfrac{1-f_2{}^2(x)}{2}$。

使用此算法经过若干次迭代，$e^2(k)$ 逐渐趋于最小值，权值接近最佳值，此时 $i_r(t)$ 逼近非线性负载电流 $i_L(t)$ 中理论上的基波有功电流 $i_p^*(t)$，从而系统输出 $i_d(t)$ 逼近 $i_L(t)$ 中理论上的谐波与无功电流之和 $i_c^*(t)$，完成谐波与无功电流的检测。

4.10.2 仿真

根据该方法，当 $N=20$、$n_1=1$、$n_2=1$、$\eta=0.12$，负载电流幅值由 0.5A 突然增

大为 1A 时的 C 语言仿真源程序 SJWLZSYF.C 文件如下：

```
// 文件包含
#include<math.h>
#include<graphics.h>
#include<conio.h>
#include<alloc.h>
#include<ctype.h>
#include<dos.h>
#include<stdlib.h>
#include<string.h>
#include<bios.h>
#include<stdio.h>
#include<time.h>
#include<fcntl.h>
#include<io.h>
#include<process.h>
#include<conio.h>
#include<dos.h>
#include<graphics.h>


// 宏定义
#define      DA          80.0

#define      N_CAI       20
#define      ZONG_CAI    400
#define      VARY        200

#define      P1          0.5
#define      P2          1.0

#define      PAI         3.14159265

#define      YITA        0.12

#define      A           1.27323956
```

```
#define     SHI         1
#define     SAN         240
#define     ZUO         5
#define     X           25
```

```
// 自定义函数原型
double get_il(int j);
double get_sin(int j);

double f2x(double t);
double f21x(double t);
```

```
// 定义全局变量
double IP_T;

double SIN,SINQIAN;
double IL,ILQIAN;
double IPSIN,IPSINQIAN;
double IC,ICQIAN;

double w211k1;
double w211k2;
double se21k1;
double se21k2;
double s21k1;
double x21k1;
double w31k1;
double w31k2;
double se3k1;
double se3k2;

double E,daita;

int i;
```

```c
// 定义文件型指针
FILE *f1,*f2,*f3,*f4,*f5;

main()
{

    int j;

    int gdriver=DETECT,gmode;

    initgraph(&gdriver,&gmode,"");

    SINQIAN=0.0;
    ILQIAN=0.0;
    IPSINQIAN=0.0;
    ICQIAN=0.0;

    se21k1=0.0;

    w211k1=(random(100)-50.0)/51.0;

    w31k1=(random(100)-50.0)/51.0;

    if((f1=fopen("SIN.dat","w+"))==NULL)
    {
        printf("can't open file\n");
        exit(1);
    }
    if((f2=fopen("IL.dat","w+"))==NULL)
    {
        printf("can't open file\n");
        exit(1);
    }
    if((f3=fopen("IPSIN.dat","w+"))==NULL)
    {
```

```
        printf("can't open file\n");
        exit(1);
    }
    if((f4=fopen("IC.dat","w+"))==NULL)
    {
        printf("can't open file\n");
        exit(1);
    }
    if((f5=fopen("ICERR.dat","w+"))==NULL)
    {
        printf("can't open file\n");
        exit(1);
    }

    for(i=0;i<ZONG_CAI;i++)
    {
        if(i%(N_CAI)==0)
        {
            if(i!=0)
            {
                getch();
                cleardevice();
            }
        }

        SIN=get_sin(i);
        IL=get_il(i);

        s21k1=w211k1*SIN+se21k1;

        x21k1=f2x(s21k1);

        IPSIN=w31k1*x21k1+se3k1;
        IC=IL-IPSIN;
```

```
        E=IC;

        daita=E;
        w31k2=w31k1+YITA*daita*x21k1;
        se3k2=se3k1+YITA*daita;
        w211k2=w211k1+YITA*daita*f21x(s21k1)*w31k1*SIN;

        se21k2=se21k1+YITA*daita*f21x(s21k1)*w31k1;

        w31k1=w31k2;
        se3k1=se3k2;
        w211k1=w211k2;

        se21k1=se21k2;

        setcolor(BLUE);
        line(ZUO+((i%N_CAI)*X-SHI),SAN,ZUO+(((i+1)%N_CAI)*X-
        SHI),SAN);
```

// 绘制与电源电压同频同相并且幅值为 1V 的正弦信号波形
```
        setcolor(GREEN);
        line(ZUO+((i%N_CAI)*X-SHI),SAN-DA*SINQIAN,ZUO+(((i+
        1)%N_CAI)*X-SHI),SAN-DA*SIN);
```

// 绘制负载电流波形
```
        setcolor(WHITE);
        line(ZUO+((i%N_CAI)*X-SHI),SAN-DA*ILQIAN,ZUO+(((i+
        1)%N_CAI)*X-SHI),SAN-DA*IL);
```

// 绘制基波有功电流波形
```
        setcolor(RED);
        line(ZUO+((i%N_CAI)*X-SHI),SAN-DA*IPSINQIAN,ZUO+(((i
        +1)%N_CAI)*X-SHI),SAN-DA*IPSIN);
```

// 绘制谐波与无功电流之和的波形

```
        setcolor(YELLOW);
        line(ZUO+((i%N_CAI)*X-SHI),SAN-DA*ICQIAN,ZUO+(((i+
        1)%N_CAI)*X-SHI),SAN-DA*IC);
```

// 将数据读入文件

```
        fprintf(f1,"%.7f\n",SIN);
        fprintf(f2,"%.7f\n",IL);
        fprintf(f3,"%.7f\n",IPSIN);
        fprintf(f4,"%.7f\n",IC);
        fprintf(f5,"%.7f\n",(IP_T*SIN-IPSIN));

        SINQIAN=SIN;
        ILQIAN=IL;
        IPSINQIAN=IPSIN;
        ICQIAN=IC;
    }
    closegraph();
    fclose(f1);
    fclose(f2);
    fclose(f3);
    fclose(f4);
    fclose(f5);
    return 0;
}
```

// 自定义函数:获得负载电流

```
double get_il(int j)
{
    double p;

    if(i<VARY)
    {
        IP_T=0.5*A;

        if(((j/(N_CAI/2))%2)==0)
```

```
    {
        p=P1;
    }
    else
    {
        p=-P1;
    }
    if(j%(N_CAI/2)==0)
    {
        p=0.0;
    }
}
else
{
    IP_T=A;

    if(((j/(N_CAI/2))%2)==0)
    {
        p=P2;
    }
    else
    {
        p=-P2;
    }
    if(j%(N_CAI/2)==0)
    {
        p=0.0;
    }
}
return p;
}


// 自定义函数：获得与电源电压同频同相并且幅值为 1V 的正弦信号
double get_sin(int j)
{
```

```
        double p;
        p=sin(2*PAI*j/N_CAI);
        return p;
}
```

// 自定义函数:求 $f_2(x)=(1-e^{-x})/(1+e^{-x})$

```
double f2x(double t)
{
        double p;
        p=(1-exp(-t))/(1+exp(-t));
        return p;
}
```

// 自定义函数:求 $f_2(x)$ 的导数

```
double f21x(double t)
{
        double p;
        p=(1-f2x(t)*f2x(t))/2.0;
        return p;
}
```

对应 SJWLZSYF.C 文件的 MATLAB 仿真源程序 SJWLZSYF.m 文件如下:

```
% 读入数据文件
load E:\111\SIN.DAT;
load E:\111\IL.DAT;
load E:\111\IPSIN.DAT;
load E:\111\IC.DAT;
load E:\111\ICERR.DAT;

% 绘制 SIN 波形
subplot(5,1,1);
plot(SIN,'k');
x1=0;
x2=400;
y1=-2.0;
```

```
y2=+2.0;
axis([x1 x2 y1 y2]);
```

% 绘制 IL 波形
```
subplot(5,1,2);
plot(IL,'k');
x1=0;
x2=400;
y1=-2.0;
y2=+2.0;
axis([x1 x2 y1 y2]);
```

% 绘制 IPSIN 波形
```
subplot(5,1,3);
plot(IPSIN,'k');
x1=0;
x2=400;
y1=-2.0;
y2=+2.0;
axis([x1 x2 y1 y2]);
```

% 绘制 IC 波形
```
subplot(5,1,4);
plot(IC,'k');
x1=0;
x2=400;
y1=-2;
y2=+2;
axis([x1 x2 y1 y2]);
```

% 绘制 ICERR 波形
```
subplot(5,1,5);
plot(ICERR,'k');
x1=0;
x2=400;
```

```
y1=-1.0;
y2=+1.0;
axis([x1 x2 y1 y2]);
```

　　运行 SJWLZSYF.C 文件，得到 SIN.dat、IL.dat、IPSIN.dat、IC.dat 和 ICERR.dat 数据文件。再运行 SJWLZSYF.m 文件，得到图 4-10-2。

　　同理，根据需要对 SJWLZSYF.C 文件中的 N、n_1、n_2 和 η 作简单修改，然后分别运行 SJWLZSYF.C 和 SJWLZSYF.m 文件，可得到图 4-10-3～图 4-10-8。

　　从而得到该算法的仿真波形如图 4-10-2～图 4-10-8 所示，其中，SIN 为与电源电压同频同相并且幅值为 1V 的正弦信号，IL 为负载电流。IPSIN、IC、ICERR 分别为该方法计算出的基波有功电流、谐波与无功电流之和、误差（＝IC－ICT）。

　　比较图 4-10-2、图 4-10-3 和图 4-10-4 可知：在 n_1、n_2 和 η 不变的情况下，$N=$ 14 比 $N=20$ 的检测精度高，$N=20$ 比 $N=40$ 的检测精度高；而 $N=14$ 的动态响应时间（约为 4 个周期）比 $N=20$ 的动态响应时间（约为 3 个周期）长，$N=20$ 的动态响应时间（约为 3 个周期）比 $N=40$ 的动态响应时间（约为 2 个周期）长。可见，在一定范围内，N 越小，该方法的检测精度越高，而其动态响应时间越长。所以，N 对该方法的检测精度和动态响应时间影响较大，它既不能太大也不能太小，应选择适中。

　　比较图 4-10-2 和图 4-10-5 可知：在 N、n_2 和 η 不变的情况下，虽然 $n_1=1$ 的动态响应时间（约为 3 个周期）比 $n_1=2$ 的动态响应时间（约为 2 个周期）稍长，但 $n_1=1$ 比 $n_1=2$ 的检测精度高许多。可见，n_1 越小，该方法的检测精度越高。n_1 对该方法的检测精度影响很大，而对该方法的动态响应时间影响不大。因此，考虑该方法的检测精度、动态响应时间、计算量、复杂度等，n_1 应越小越好，故 n_1 应取 1。

　　比较图 4-10-2、图 4-10-6 和图 4-10-7 可知：在 N、n_1 和 η 不变的情况下，$n_2=1$ 比 $n_2=3$ 的检测精度稍高，$n_2=3$ 比 $n_2=5$ 的检测精度稍高；而 $n_2=1$ 的动态响应时间（约为 3 个周期）比 $n_2=3$ 的动态响应时间（约为 2.5 个周期）稍长，$n_2=3$ 的动态响应时间（约为 2.5 个周期）比 $n_2=5$ 的动态响应时间（约为 2 个周期）稍长。可见，n_2 较小时，该方法的检测精度稍高，而其动态响应时间稍长；n_2 对该方法的检测精度和动态响应时间影响不大。因此，考虑该方法的检测精度、动态响应时间、计算量、复杂度等，n_2 应越小越好，故 n_2 应取 1。

　　比较图 4-10-2 和图 4-10-8 可知：在 N、n_1 和 n_2 不变的情况下，$\eta=0.06$ 比 $\eta=0.12$ 的检测精度高，而 $\eta=0.06$ 比 $\eta=0.12$ 的动态响应时间长许多。可见，η 越小，该方法的检测精度越高，而其动态响应时间越长。所以，η 对该方法的检测精度和动态响应时间影响较大，它既不能太大也不能太小，应选择适中。

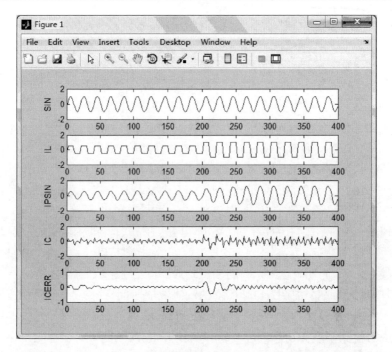

图 4-10-2 $N=20$、$n_1=1$、$n_2=1$ 和 $\eta=0.12$ 时的仿真波形

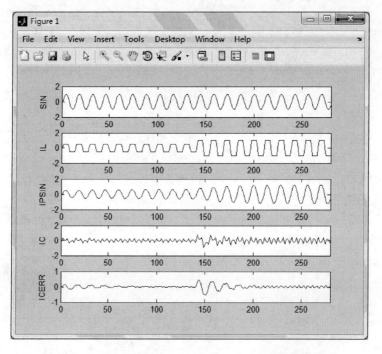

图 4-10-3 $N=14$、$n_1=1$、$n_2=1$ 和 $\eta=0.12$ 时的仿真波形

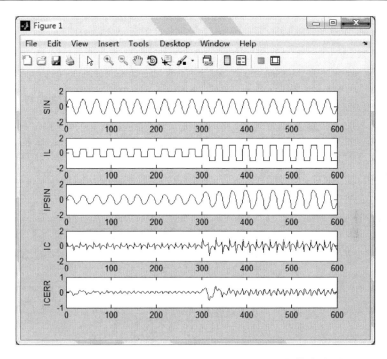

图 4-10-4　$N=30$、$n_1=1$、$n_2=1$ 和 $\eta=0.12$ 时的仿真波形

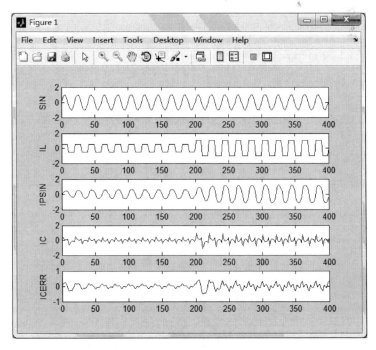

图 4-10-5　$N=20$、$n_1=2$、$n_2=1$ 和 $\eta=0.12$ 时的仿真波形

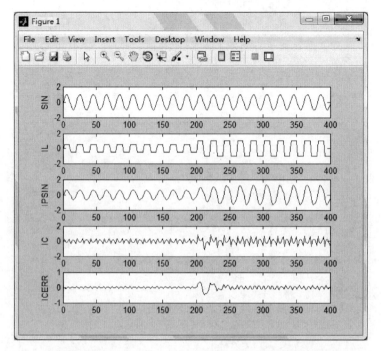

图 4-10-6　$N=20$、$n_1=1$、$n_2=3$ 和 $\eta=0.12$ 时的仿真波形

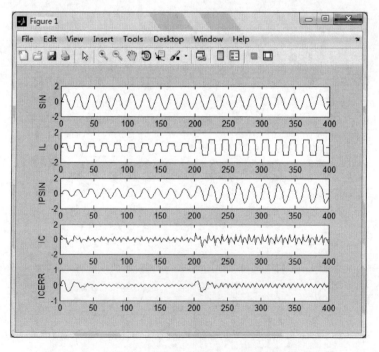

图 4-10-7　$N=20$、$n_1=1$、$n_2=5$ 和 $\eta=0.12$ 时的仿真波形

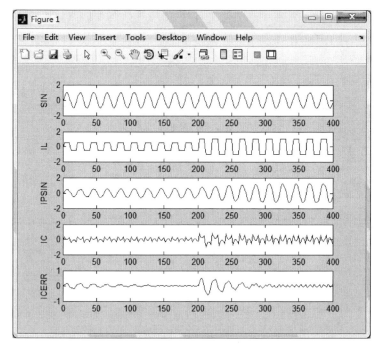

图 4-10-8　$N=20$、$n_1=1$、$n_2=1$ 和 $\eta=0.06$ 时的仿真波形

4.11　参考方法仿真

　　杨君等将三相电路瞬时无功功率理论应用于单相电路谐波电流检测,提出了基于三相电路瞬时无功功率理论的单相电路谐波电流检测方法[11]。虽然基于三相电路瞬时无功功率理论的单相电路谐波电流检测方法比基于三相电路瞬时无功功率理论的三相电路谐波电流检测方法还复杂[14],但是,基于三相电路瞬时无功功率理论的单相电路谐波电流检测方法与基于三相电路瞬时无功功率理论的三相电路谐波电流检测方法均建立在三相电路瞬时无功功率理论基础之上,它们在本质上是一致的,前者源于后者,因此,前者与后者在检测精度、动态性能、电源频率变化对它们的检测精度的影响等方面是相同的,甚至前者(如延时最短的方法 2)在一些方面优于后者,而后者是已经得到认可的较为成熟的三相电路谐波电流检测方法。所以,将基于三相电路瞬时无功功率理论的单相电路谐波与无功电流检测方法(延时最短的方法 2)作为单相电路谐波与无功电流检测的一种参考方法(简称参考方法),无疑具有重要的实际意义,因为:若某种方法的主要性能优于参考方法,则说明此方法具有实际应用价值,它可在有源电力滤波器中得到应用;若某种方法的主要性能不如参考方法,则说明此方法没有实际应用价值,因而没有继

续研究的必要；若某种方法的某些性能优于参考方法，而某些性能不如参考方法，则找到了此方法存在的问题，从而为此方法的进一步研究指明方向。

本节介绍参考方法的仿真，内容包括方法简介、C语言仿真源程序、MATLAB仿真模型和仿真波形。

4.11.1　参考方法简介

根据文献[11]，参考方法的谐波与无功电流检测框图如图4-11-1所示。其中，u_s 为电源电压，i_L 为负载电流，p 为瞬时有功功率，P 为 p 的直流分量，I_p、i_p 和 i_c 分别为检测出的基波有功电流幅值、基波有功电流以及谐波与无功电流之和。

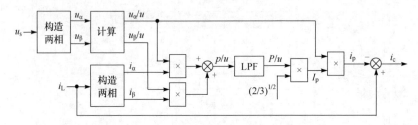

图 4-11-1　参考方法谐波与无功电流检测框图

由单相的负载电流 i_L 可构造 α、β 两相电流：

$$i_\alpha = \sqrt{\frac{3}{2}} i_L \tag{4-11-1}$$

i_α 滞后 90° 为 i_β。

由电源电压 u_s 可构造 α、β 两相电压：

$$u_\alpha = \sqrt{\frac{3}{2}} u_s \tag{4-11-2}$$

u_α 滞后 90° 为 u_β。

$$u = \sqrt{u_\alpha{}^2 + u_\beta{}^2} \tag{4-11-3}$$

瞬时有功功率为

$$p = u_\alpha i_\alpha + u_\beta i_\beta \tag{4-11-4}$$

基波有功电流为

$$i_p = \sqrt{\frac{2}{3}} \frac{u_\alpha}{u^2} P \tag{4-11-5}$$

4.11.2　仿真

根据图 4-11-1，利用 MATLAB 7.12.0（R2011a）的 Simulink 模块库，可建立该方法的 MATLAB 仿真模型 CKFF. mdl 文件，如图 4-11-2 所示。

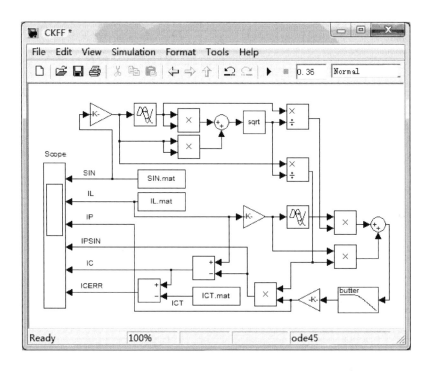

图 4-11-2　参考方法的 MATLAB 仿真模型

　　由"从文件读取信号模块"分别产生与电源电压同频同相并且幅值为 1V 的正弦信号 SIN、负载电流 IL、理论上的谐波与无功电流之和 ICT，它们分别由文件 SIN.mat、IL.mat 和 ICT.mat 中的数据决定。根据需要改变 SIN.mat、IL.mat 和 ICT.mat 文件中的数据就可以改变这些信号的波形，从而可以方便地对各种不同情况进行仿真。

　　SIN、IL 以及该方法检测出的基波有功电流幅值 IP、基波有功电流 IPSIN、谐波与无功电流之和 IC 以及误差 ICERR（＝IC－ICT）等信号，被送入"示波器模块（Scope）"，这样可以在 Scope 中方便地研究和观察仿真波形。

　　参考方法中的 LPF 的类型、截止频率和阶数对其检测性能具有很大的影响。下面通过理论分析并结合仿真研究来确定 LPF 的类型、截止频率和阶数。

　　常用的滤波器类型有 Butterworth、Chebychev、Bessel 和 Elliptic 等。其中，Butterworth LPF 能够最为平坦地进入衰减区域，在截止频率不太高时，它在零点附近的频率特性最好，因此其检测精度最好，故应采用 Butterworth LPF。

　　LPF 的截止频率 f_c 对该方法的检测精度和动态响应过程有很大的影响。若 f_c 取值过小，则负载电流处于稳定状态时的检测精度高，但其动态响应时间长；若

f_c取值过大,则其动态响应时间短,但是容易造成检测波形失真,从而影响其检测精度。根据仿真波形(图 4-11-3~图 4-11-5),并将检测精度和动态响应时间统一起来考虑,确定 f_c=20Hz。

Butterworth LPF 的阶数越高,则其检测精度越高,但其动态响应时间较长。另外,高阶数的滤波器会增加电路元件数目,从而增加实现它的费用。所以,在确定滤波器的阶数时,既要考虑检测精度,又要兼顾动态响应过程和可实现性。在实际中,一般选择二阶就能满足要求。

因此,LPF 确定为截止频率 f_c=20Hz 的二阶 Butterworth LPF。

根据该方法和 CKFF.mdl 文件,在理想条件下即电源频率不变(固定的50Hz)并且电源电压无畸变时,负载电流幅值由 1A 突然增大为 2A 时的 C 语言仿真源程序 CKFF1.C 文件如下:

```c
// 文件包含
#include<math.h>
#include<graphics.h>
#include<conio.h>
#include<alloc.h>
#include<ctype.h>
#include<dos.h>
#include<stdlib.h>
#include<string.h>
#include<bios.h>
#include<stdio.h>
#include<time.h>
#include<fcntl.h>
#include<io.h>
#include<process.h>
#include<conio.h>
#include<dos.h>
#include<graphics.h>

// 宏定义
#define    DA        40

#define    PAI       3.14159265
```

```
#define     N_CAI       500
#define     ZONG_CAI    24.0*N_CAI
#define     VARY        12.0*N_CAI

#define     P1          1
#define     P2          2

#define     IPT1        4.0/PAI
#define     IPT2        8.0/PAI

#define     SHI         1
#define     SAN         240
#define     ZUO         55
```

```
// 自定义函数原型
float get_il(int j);
float get_sin(int j);

// 定义文件型指针
FILE *f1,*f2,*f3;

// 定义全局变量
int i;

float IPT;
float ICT,ICTqian;

main()
{
    int j;

    int gdriver=DETECT,gmode;

    initgraph(&gdriver,&gmode,"");
```

```c
if((f1=fopen("SIN.dat","w+"))==NULL)
{
    printf("can't open file\n");
    exit(1);
}
if((f2=fopen("IL.dat","w+"))==NULL)
{
    printf("can't open file\n");
    exit(1);
}
if((f3=fopen("ICT.dat","w+"))==NULL)
{
    printf("can't open file\n");
    exit(1);
}

for(i=0;i<ZONG_CAI;i++)
{
    if(i%N_CAI==0)
    {
        if(i!=0)
        {
            getch();
            cleardevice();
        }
    }

    if(i<VARY)
    {
        IPT=IPT1;
    }
    else
    {
        IPT=IPT2;
```

```
    }

    ICT=get_il(i)-IPT*get_sin(i);

    setcolor(BLUE);
    line(ZUO+(i%N_CAI+1-SHI),SAN,ZUO+(i%N_CAI+2-SHI),
    SAN);
```

// 绘制与电源电压同频同相并且幅值为 1V 的正弦信号的波形
```
    setcolor(RED);
    line(ZUO+(i%N_CAI+1-SHI),SAN-DA*get_sin(i-1),ZUO+(i%
    N_CAI+2-SHI),SAN-DA*get_sin(i));
```

// 绘制负载电流波形
```
    setcolor(WHITE);
    line(ZUO+(i%N_CAI+1-SHI),SAN-DA*get_il(i-1),ZUO+(i%N
    _CAI+2-SHI),SAN-DA*get_il(i));
```

// 绘制谐波与无功电流之和理论值的波形
```
    setcolor(GREEN);
    line(ZUO+(i%N_CAI+1-SHI),SAN-DA*ICTqian,ZUO+(i%N_CAI
    +2-SHI),SAN-DA*ICT);
```

// 将数据读入文件
```
    fprintf(f1,"%.7f\n",get_sin(i));
    fprintf(f2,"%.7f\n",get_il(i));
    fprintf(f3,"%.7f\n",ICT);

    ICTqian=ICT;
    }
    closegraph();
    fclose(f1);
    fclose(f2);
    fclose(f3);
```

```
    return 0;
}


// 自定义函数:获得与电源电压同频同相并且幅值为 1V 的正弦信号
float get_sin(int j)
{
    float p;

    p=sin(2*PAI*j/N_CAI);
    return p;
}


// 自定义函数:获得负载电流
float get_il(int j)
{
    float p;

    if(j<VARY)
    {
        if(((j/(N_CAI/2))%2)==0)
        {
            p=P1;
        }
        else
        {
            p=-P1;
        }
    }
    else
    {
        if(((j/(N_CAI/2))%2)==0)
        {
            p=P2;
        }
        else
```

```
        {
            p=-P2;
        }
    }
    return p;
}
```

运行 CKFF1. C 文件,得到 SIN. dat、IL. dat 和 ICT. dat 数据文件。

进入 MATLAB 命令窗口,通过以下步骤可由 SIN. dat 文件得到 SIN. mat 文件:

(1) 键入 load SIN. dat 按回车。

(2) 键入 SIN 按回车,将显示 SIN 的列矩阵。

(3) 键入 SIN=SIN′按回车,将显示 SIN 的行矩阵。

(4) 键入 time = linspace(0.00004,0.48,12000) 按回车,将得到一个以 0.00004 为首项,逐次递增 0.00004 的时间行矩阵。其中,负载电流频率为 50Hz,则其周期为 0.02s。0.02 除以一个周期内的采样个数 500 得到 0.00004。12000 为总的采样个数,12000 乘以 0.00004 得到 0.48。

(5) 键入 lzc=[time;SIN]按回车,将得到一个两行的矩阵,其中第一行为采样时间,第二行为与采样时间对应的采样数据。

(6) 键入 save SIN. mat lzc 按回车,将得到 SIN. mat 文件。

同理,由 IL. dat 文件可得到 IL. mat 文件,由 ICT. dat 文件可得到 ICT. mat 文件。得到的 SIN. mat、IL. mat 和 ICT. mat 文件将供 CKFF. mdl 文件使用。

进入 MATLAB,打开 CKFF. mdl 文件,其中的"Analog Filter Design"模块参数设置如下:

Design method:Butterworth

Filter type:Lowpass

Filter order:2

Passband edge frequency (rad/s):分别设置为 314、125. 6 和 62. 8,它们分别对应 50Hz、20Hz 和 10Hz。

再在菜单"Simulation"中选择"Start",开始仿真,仿真完成后,双击文件 CKFF. mdl 中的"示波器模块(Scope)",分别得到图 4-11-3、图 4-11-4 和图 4-11-5。

需要说明的是:仿真得到的"Scope"波形无菜单栏。可在 MATLAB"Command Window"命令行输入以下指令来恢复其菜单栏:

(1) 键入 set(0,′ShowHiddenHandles′,′on′)按回车。

(2) 键入 set(gcf,′menubar′,′figure′)按回车。

菜单栏恢复后,可方便调整仿真波形。

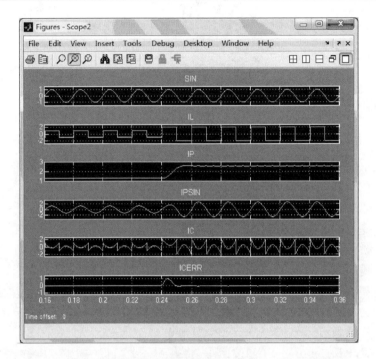

图 4-11-3 理想条件下截止频率 $f_c = 50\text{Hz}$ 时的仿真波形

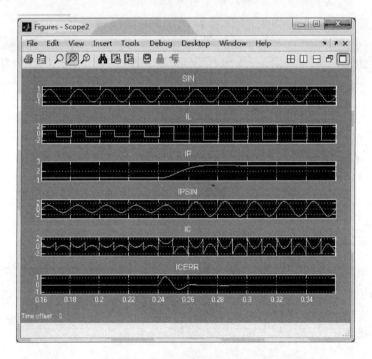

图 4-11-4 理想条件下截止频率 $f_c = 20\text{Hz}$ 时的仿真波形

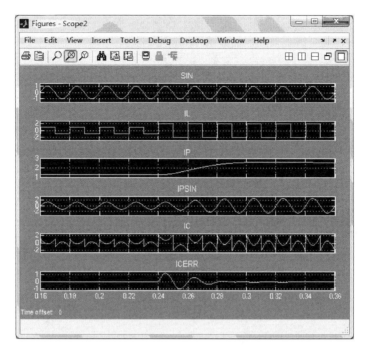

图 4-11-5　理想条件下截止频率 f_c=10Hz 时的仿真波形

当电源频率波动而电源电压无畸变时,将 CKFF1. C 文件中的定义"♯define P2 2"改为"♯define P2 1","♯define IPT2 8. 0/PAI"改为"♯define IPT2 4. 0/PAI",得到 CKFF2. C。运行 CKFF2. C 程序,得到 SIN. dat、IL. dat 和 ICT. dat 数据文件。

进入 MATLAB 命令窗口,通过以下步骤可由 SIN. dat 文件得到 SIN. mat 文件:

(1) 键入 load SIN. dat 按回车。

(2) 键入 SIN 按回车,将显示 SIN 的列矩阵。

(3) 键入 SIN=SIN′按回车,将显示 SIN 的行矩阵。

(4) 键入 time=linspace(0. 0000384615,0. 461538,12000)按回车,将得到一个以 0. 0000384615 为首项,逐次递增 0. 0000384615 的时间行矩阵。其中,负载电流频率为 52Hz,则其周期为 0. 01923s。0. 01923 除以一个周期内的采样个数 500 得到 0. 0000384615。12000 为总的采样个数,12000 乘以 0. 0000384615 得到 0. 461538。

(5) 键入 lzc=[time;SIN]按回车,将得到一个两行的矩阵,其中第一行为采样时间,第二行为与采样时间对应的采样数据。

(6) 键入 save SIN. mat lzc 按回车,将得到 SIN. mat 文件。

同理,由 IL. dat 文件可得到 IL. mat 文件,由 ICT. dat 文件可得到 ICT. mat 文件。得到的 SIN. mat、IL. mat 和 ICT. mat 文件将供 CKFF. mdl 文件使用。

进入 MATLAB,打开文件 CKFF. mdl,其中的"Analog Filter Design"模块参数设置为二阶 Butterworth LPF,截止频率为 314 rad/s(即 50Hz)。使用 CK-FF. mdl 仿真可得到电源频率波动为 52Hz 时的仿真波形,如图 4-11-6 所示。

将由 SIN. dat 文件得到 SIN. mat 文件的步骤(4)改为:键入 time＝linspace (0.0000416667,0.5000004,12000)按回车,将得到一个以 0.0000416667 为首项,逐次递增 0.0000416667 的时间行矩阵。其中,负载电流频率为 48Hz,则其周期为 0.0208333s。0.0208333 除以一个周期内的采样个数 500 得到 0.0000416667。12000 为总的采样个数,12000 乘以 0.0000416667 得到 0.5000004。

类似图 4-11-6,可得到图 4-11-7。

在电源频率不变(固定的 50Hz)而电源电压畸变时,将 CKFF1. C 中的函数 get_sin(int j)改为:

```
floatget_sin(int j)
{
    float p;
    p=sin(2*PAI*j/N_CAI);
    if(fabs(p)>0.8)
    {
        if(p>0)
        {
            p=0.8;
        }
        else
        {
            p=-0.8;
        }
    }
    return p;
}
```

得到 CKFF3. C 文件。运行 CKFF3. C 文件,得到 SIN. dat、IL. dat 和 ICT. dat 数据文件。

进入 MATLAB 命令窗口,通过以下步骤可由 SIN. dat 文件得到 SIN. mat 文件:

（1）键入 load SIN. dat 按回车。

（2）键入 SIN 按回车,将显示 SIN 的列矩阵。

（3）键入 SIN＝SIN$'$按回车,将显示 SIN 的行矩阵。

（4）键入 time＝linspace（0.00004,0.48,12000）按回车,将得到一个以 0.00004 为首项,逐次递增 0.00004 的时间行矩阵。其中,负载电流频率为 50Hz,则其周期为 0.02s。0.02 除以一个周期内的采样个数 500 得到 0.00004。12000 为总的采样个数,12000 乘以 0.00004 得到 0.48。

（5）键入 lzc＝[time;SIN]按回车,将得到一个两行的矩阵,其中第一行为采样时间,第二行为与采样时间对应的采样数据。

（6）键入 save SIN. mat lzc 按回车,将得到文件 SIN. mat。

同理,由 IL. dat 文件可得到 IL. mat 文件,由 ICT. dat 文件可得到 ICT. mat 文件。得到的 SIN. mat、IL. mat 和 ICT. mat 文件将为 CKFF. mdl 文件所使用。

进入 MATLAB,打开 CKFF. mdl 文件,其中的"Analog Filter Design"模块参数设置为二阶 Butterworth LPF,截止频率为 314rad/s（即 50Hz）。使用 CK-FF. mdl 仿真可得到电源电压畸变时的仿真波形,如图 4-11-8 所示。

将 CKFF3. C 文件中的函数 get_sin(int j)改为:

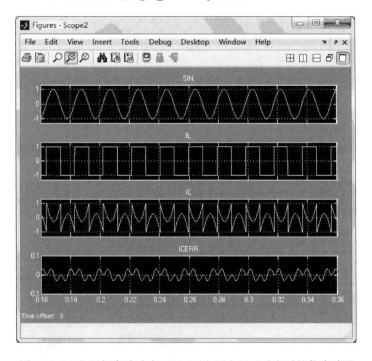

图 4-11-6　电源频率波动为 52Hz 而电源电压无畸变时的仿真波形

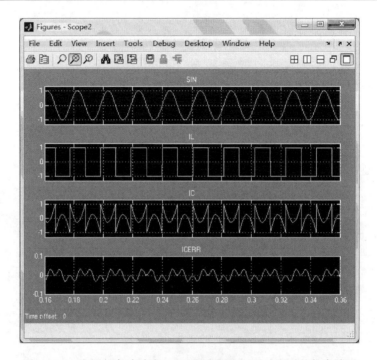

图 4-11-7　电源频率波动为 48 Hz 而电源电压无畸变时的仿真波形

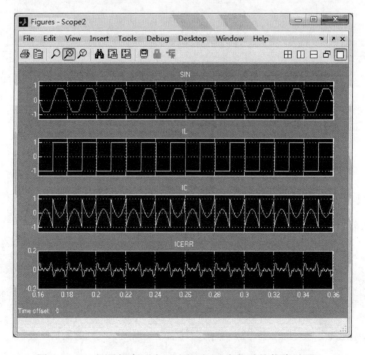

图 4-11-8　电源频率不变而电源电压畸变时的仿真波形一

```
floatget_sin(int j)
{
    float p;
    p=sin(2*PAI*j/N_CAI);
    if(fabs(p)>0.7)
    {
        if(p>0)
        {
            p=1;
        }
        else
        {
            p=-1;
        }
    }
    return p;
}
```

得到 CKFF4. C 文件。同理，运行 CKFF4. C 和 CKFF. mdl 文件，得到图 4-11-9。

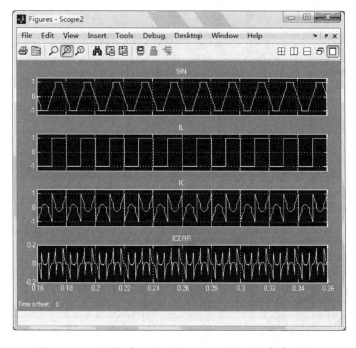

图 4-11-9　电源频率不变而电源电压畸变时的仿真波形二

从而得到该方法的仿真波形如图 4-11-3～图 4-11-9 所示。其中,SIN 为与电源电压同频同相并且幅值为 1V 的正弦信号,IL 为负载电流。IP、IPSIN、IC、ICERR 分别为该方法计算出的基波有功电流幅值、基波有功电流、需要补偿的谐波与无功电流之和、误差(=IC−ICT)。

由图 4-11-3 可以看出:f_c=50Hz 时,其稳态检测精度低,但其动态响应时间短。由图 4-11-5 可以看出:f_c=10Hz 时,其稳态检测精度高,但其动态响应时间长。由图 4-11-4 可以看出:f_c=20Hz 时,不但其稳态检测精度较高,而且其动态响应时间也适中,这是确定 f_c=20Hz 的原因。

由图 4-11-4 还可以看出:当 IL 处于稳定状态时,此时能够准确地检测出需要补偿的谐波与无动电流之和;当 IL 发生变化时,检测出的 IP 能够平滑地跟踪其理论值,动态响应时间约为 3 个周期(0.24～0.30s 时间段),具有较好的动态性能。

由图 4-11-6 和图 4-11-7 可以看出:当电源频率发生波动时,误差|ICERR|很小。因此,电源频率波动对该方法的检测精度影响很小。

由图 4-11-8 和图 4-11-9 可以看出:在电源电压发生畸变时,误差|ICERR|较小。因此,电源电压畸变对该方法的检测精度影响较小。

4.12　小　结

本章介绍了离散傅里叶系数法、直接计算法、简单迭代算法、最优迭代算法、双线性构造算法、单相电路瞬时功率法、硬件电路自适应法、神经元自适应法、神经网络自适应法和参考方法的仿真。

仿真结果表明:当负载电流处于稳定状态时,离散傅里叶系数法、直接计算法、简单迭代算法(迭代步长选择合适)和最优迭代算法计算出的基波有功电流幅值为常数;当负载电流发生变化时,它们计算出的基波有功电流幅值能够平滑地跟踪其理论值。它们的动态响应时间都为 0.5 个周期。

当负载电流处于稳定状态时,双线性构造算法计算出的基波有功电流幅值为常数;当负载电流发生变化时,其计算出的基波有功电流幅值能够立即跟踪其理论值,其动态响应时间为 0s。

当负载电流处于稳定状态时,单相电路瞬时功率法检测出的基波有功电流幅值为一变化很小的量;当负载电流发生变化时,其检测出的基波有功电流幅值能够平滑地跟踪其理论值,其动态响应时间约为 2 个周期。

硬件电路自适应法的积分增益越大,其稳态检测精度越低,但其自适应能力越强;积分增益越小,其稳态检测精度越高,但其自适应能力越弱。因此,在实际应用时,其积分增益应选择合适,以使该方法不仅具有很高的稳态检测精度,并且具有足够强的自适应能力。

对于神经元自适应法,通过仿真得出以下结论:

(1) 在一定范围内,一个周期内的采样个数 N 越小,该方法的检测精度越高,而其动态响应时间越长。故 N 对该方法的检测精度和动态响应时间影响较大,它既不能太大也不能太小,应选择适中。

(2) 输入量的个数 n 越小,该方法的检测精度越高。n 对该方法的检测精度影响较大,而对该方法的动态响应时间影响不大。n 越小越好,应取 $n=1$。

(3) 学习率 η 越小,该方法的检测精度越高,而其动态响应时间越长。故 η 对该方法的检测精度和动态响应时间影响较大,它既不能太大也不能太小,应选择适中。

(4) 惯性系数 α 对该方法的检测精度和动态响应时间影响很小,应取 $\alpha=0$。可见,当 $n=1$ 且 $\alpha=0$ 时,可得到简化的神经元自适应法。

因此,使用简化的神经元自适应法便可实现谐波与无功电流的检测。

对于神经网络自适应法,仿真得出以下结论:

(1) 在一定的范围内,一个周期内的采样个数 N 越小,该方法的检测精度越高,而其动态响应时间越长。故 N 对该方法的检测精度和动态响应时间影响较大,它既不能太大也不能太小,应选择适中。

(2) 输入层神经元的数目 n_1 越小,该方法的检测精度越高。n_1 对该方法的检测精度影响很大,而对该方法的动态响应时间影响不大。考虑该方法的检测精度、动态响应时间、计算量、复杂度等,n_1 应越小越好,故 n_1 应取 1。

(3) 隐层神经元的数目 n_2 较小时,该方法的检测精度稍高,而其动态响应时间稍长。n_2 对该方法的检测精度和动态响应时间影响不大,考虑该方法的检测精度、动态响应时间、计算量、复杂度等,n_2 应越小越好,故 n_2 应取 1。

(4) 学习率 η 越小,该方法的检测精度越高,而其动态响应时间越长。故 η 对该方法的检测精度和动态响应时间影响较大,它既不能太大也不能太小,应选择适中。可见,当 $n_1=1$ 且 $n_2=1$ 时,可得到简化的神经网络自适应法。

因此,使用简化的神经网络自适应法便可实现谐波与无功电流的检测。

当负载电流处于稳定状态时,参考方法检测出的基波有功电流幅值为一常数;当负载电流发生变化时,其检测出的基波有功电流幅值能够平滑地跟踪其理论值,其动态响应时间约为 3 个周期。电源频率发生波动和电源电压发生畸变都对该方法的检测精度影响很小。

参 考 文 献

[1] 李自成,孙玉坤. 基于离散傅里叶变换的单相电路谐波电流实时检测方法的研究[J]. 电测与仪表,2005,42(3):20-22.

[2] 李自成,孙玉坤.基于双线性构造算法的电力有源滤波器补偿电流实时计算新方法[J]. 中国

科学 E 辑：技术科学，2006，36(7)：782-810.

[3] Li Z C,Sun Y K. A new compensation current real-time computing method for power active filter based on double linear construction algorithm[J]. Science in China Series E：Technological Sciences,2006,49(4)：485-512.

[4] 李自成,孙玉坤,黄振跃,等. 基于单相电路瞬时功率理论的有源电力滤波器谐波电流实时检测方法[J]. 低压电器,2009,(1)：43-46.

[5] Luo S G,Hou Z C. An adaptive detecting method for harmonic and reactive currents[J]. IEEE Transactions on Industrial Electronics,1995,42(1)：85-89.

[6] 李乔,吴捷. 自适应谐波电流检测方法用于有源电力滤波器的仿真研究[J]. 电工技术学报,2004,19(12)：86-90.

[7] Wang Q,Wu N,Wang Z A. A neuron adaptive detecting approach of harmonic current for APF and its realization of analog circuit[J]. IEEE Transactions on Instrumentation and Measurement,2001,50(1)：77-84.

[8] 李自成,孙玉坤. 一种神经元自适应谐波电流检测方法的数字仿真[J]. 电力系统保护与控制,2009,37(5)：1-5,51.

[9] 王群,周雒维,吴宁. 一种基于神经网络的自适应谐波电流检测法[J]. 重庆大学学报：自然科学版,1997,20(5)：6-11.

[10] 李自成,冯大力. 神经网络自适应法的仿真研究[J]. 现代建筑电气,2011,2(5)：1-4,10.

[11] 杨君,王兆安,邱关源. 单相电路谐波及无功电流的一种检测方法[J]. 电工技术学报,1996,11(3)：42-46.

[12] 李自成,孙玉坤,刘国海,等. 单相电路谐波电流检测的一种参考方法的仿真研究[J]. 低压电器,2008,(17)：30-33.

[13] 王群,姚为正,王兆安. 高通和低通滤波器对谐波检测电路检测效果的影响研究[J]. 电工技术学报,1999,14(5)：22-26.

[14] 蒋斌,颜钢锋,赵光宙. 一种单相谐波电流检测法的研究[J]. 电工技术学报,2000,15(6)：65-69.

第 5 章 谐波电流检测方法的仿真比较

第 4 章分别介绍了离散傅里叶系数法、直接计算法、简单迭代算法、最优迭代算法、双线性构造算法、单相电路瞬时功率法、硬件电路自适应法、神经元自适应法、神经网络自适应法和参考方法。其中,直接计算法的计算性能优于简单迭代算法和最优迭代算法。双线性构造算法虽然能够准确计算需要补偿的谐波电流,但其可靠性不高。因此,离散傅里叶系数法、直接计算法、单相电路瞬时功率法、硬件电路自适应法、神经元自适应法和神经网络自适应法的检测性能孰优孰劣,需要作进一步的研究。

虽然这些检测方法均以非线性负载电流的傅里叶级数表示为理论依据,但它们的检测原理不同,要从理论上对这些方法进行比较研究,无疑具有一定的难度。虽然可以通过实验比较这些方法,但是实验不仅难以发现它们的细微差别,而且受实验条件和实验本身的制约,因而也不方便。参考方法具有很好的检测性能,它可作为评判一种单相电路谐波与无功电流检测方法是否具有应用价值的参考方法。第 4 章已经建立了硬件电路自适应法、单相电路瞬时功率法和参考方法的 MATLAB 仿真模型,而直接计算法的 MATLAB 仿真模型也容易建立,因而可建立对其中任意两种检测方法进行比较的 MATLAB 仿真比较模型,从而可方便地对这两种检测方法进行仿真比较。另外,在实际应用时,电源频率常常围绕中心频率上下波动,而电源电压也时常发生畸变。因此,在仿真比较时应考虑实际应用即电源频率发生波动和电源电压发生畸变时的情况。目前,采用结合实际应用的 MATLAB 仿真比较以从理论上揭示这些检测方法的检测性能,无疑是最适合的、简单可行的有效方法。

本章介绍直接计算法和离散傅里叶系数法的仿真比较[1]、简化的神经元自适应法和简化的神经网络自适应法的仿真比较[2]、直接计算法和单相电路瞬时功率法的仿真比较[2]、直接计算法和硬件电路自适应法的仿真比较[3]、直接计算法和参考方法的仿真比较[4]、单相电路瞬时功率法和硬件电路自适应法的仿真比较[2]、单相电路瞬时功率法和参考方法的仿真比较[5]、硬件电路自适应法和参考方法的仿真比较[6],着重介绍仿真比较过程。内容包括 C 语言仿真比较源程序、MATLAB 仿真比较源程序或仿真比较模型、仿真比较波形等。

5.1 直接计算法和离散傅里叶系数法的仿真比较

直接计算法的计算公式(4-3-2)和离散傅里叶系数法的计算公式(4-2-1)非常相似。论文[7]证明了当电源电压为无畸变的正弦信号并且 $N \geqslant 3$ 时,式(4-3-2)和式(4-2-1)是相同的,因而直接计算法和离散傅里叶系数法在本质上是一致的。

但在实际应用时,电源频率常常发生波动,而电源电压也时常发生畸变。那么,当电源频率发生波动或者电源电压发生畸变时,哪种检测方法的计算精度更高? 毫无疑问,计算精度更高的检测方法更加具有应用价值。

本节介绍直接计算法和离散傅里叶系数法的仿真比较,以揭示这两种方法检测性能的优劣。内容包括 C 语言仿真比较源程序、MATLAB 仿真比较源程序和仿真比较波形。

根据这两种算法设计的 C 语言仿真源程序文件 FZBJ11. C 如下:

```c
// 文件包含
#include<math.h>
#include<graphics.h>
#include<conio.h>
#include<alloc.h>
#include<ctype.h>
#include<dos.h>
#include<stdlib.h>
#include<string.h>
#include<bios.h>
#include<stdio.h>
#include<time.h>
#include<fcntl.h>
#include<io.h>
#include<process.h>
#include<conio.h>
#include<dos.h>
#include<graphics.h>

// 宏定义
#define    DA        40
```

```
#define      PAI              3.14159265

#define      N_CAI            500
#define      ZONG_CAI         6000

#define      FREQUENCY        52.0
#define      PERIOD           1/FREQUENCY
#define      SAMPLING_TIME    1.0/(50.0*N_CAI)

#define      PEAK             1

#define      IPT              4.0*PEAK/PAI

#define      SHI              1
#define      SAN              240
#define      ZUO              5
```

// 自定义函数原型
```
float get_il(int j);
float get_sin(int j);
```

// 定义文件型指针
```
FILE *f1,*f2,*f3,*f4,*f5,*f6;
```

// 定义全局变量
```
int i;

float IP1,IP1qian;
float IP2,IP2qian;

float il_sin[N_CAI/2];
float il_sin_sum;

float sin_sin[N_CAI/2];
float sin_sin_sum;
```

```
main()
{
    int j;

    float a2behind=0;

    int gdriver=DETECT,gmode;

    initgraph(&gdriver,&gmode,"");

    if((f1=fopen("SIN.dat","w+"))==NULL)
    {
        printf("can't open file\n");
        exit(1);
    }
    if((f2=fopen("IL.dat","w+"))==NULL)
    {
        printf("can't open file\n");
        exit(1);
    }
    if((f3=fopen("IC1.dat","w+"))==NULL)
    {
        printf("can't open file\n");
        exit(1);
    }
    if((f4=fopen("IC2.dat","w+"))==NULL)
    {
        printf("can't open file\n");
        exit(1);
    }
    if((f5=fopen("ICERR1.dat","w+"))==NULL)
    {
        printf("can't open file\n");
        exit(1);
    }
```

```
if((f6=fopen("ICERR2.dat","w+"))==NULL)
{
    printf("can't open file\n");
    exit(1);
}


il_sin_sum=sin_sin_sum=0.0;


for(i=0;i<ZONG_CAI;i++)
{
    if(i%N_CAI==0)
    {
        if(i!=0)
        {
            getch();
            cleardevice();
        }
    }

    il_sin[N_CAI/2-1]=get_il(i)*get_sin(i);
    il_sin_sum=il_sin_sum+il_sin[N_CAI/2-1];

    sin_sin[N_CAI/2-1]=get_sin(i)*get_sin(i);
    sin_sin_sum=sin_sin_sum+sin_sin[N_CAI/2-1];

    if(i<(N_CAI/2))
    {
        for(j=0;j<=((N_CAI/2)-2);j++)
        {
            il_sin[j]=il_sin[j+1];
            sin_sin[j]=sin_sin[j+1];
        }

        continue;
    }
```

```
        else
        {
            IP1=il_sin_sum/sin_sin_sum;
            IP2=il_sin_sum/(N_CAI/4.0);

            setcolor(BLUE);
            line(ZUO+(i%N_CAI+1-SHI),SAN,ZUO+(i%N_CAI+2-SHI),
            SAN);
```

// 绘制与电源电压同频同相并且幅值为 1V 的正弦信号波形
```
            setcolor(RED);
            line(ZUO+(i%N_CAI+1-SHI),SAN-DA *get_sin(i-1),ZUO
            +(i%N_CAI+2-SHI),SAN-DA *get_sin(i));
```

// 绘制负载电流波形
```
            setcolor(WHITE);
            line(ZUO+(i%N_CAI+1-SHI),SAN-DA *get_il(i-1),ZUO+(i%
            N_CAI+2-SHI),SAN-DA *get_il(i));
```

// 绘制直接计算法计算出的基波有功电流幅值的波形
```
            setcolor(GREEN);
            line(ZUO+(i%N_CAI+1-SHI),SAN-DA *IP1qian,ZUO+(i%N
            _CAI+2-SHI),SAN-DA *IP1);
```

// 绘制离散傅里叶系数法计算出的基波有功电流幅值的波形
```
            setcolor(YELLOW);
            line(ZUO+(i%N_CAI+1-SHI),SAN-DA *IP2qian,ZUO+(i%N
            _CAI +2-SHI),SAN-DA *IP2);
```

// 将数据读入文件
```
            fprintf(f1,"%.7f\n",get_sin(i));
            fprintf(f2,"%.7f\n",get_il(i));
            fprintf(f3,"%.7f\n",get_il(i)-IP1 *get_sin(i));
            fprintf(f4,"%.7f\n",get_il(i)-IP2 *get_sin(i));
            fprintf(f5,"%.7f\n",(IPT-IP1) *get_sin(i));
```

```
        fprintf(f6,"%.7f\n",(IPT-IP2)*get_sin(i));

        il_sin_sum=il_sin_sum-il_sin[0];
        sin_sin_sum=sin_sin_sum-sin_sin[0];
        for(j=0;j<=((N_CAI/2)-2);j++)
        {
            il_sin[j]=il_sin[j+1];
            sin_sin[j]=sin_sin[j+1];
        }

        IP1qian=IP1;
        IP2qian=IP2;
      }
   }
   closegraph();
   fclose(f1);
   fclose(f2);
   fclose(f3);
   fclose(f4);
   fclose(f5);
   fclose(f6);

   return 0;
}


// 自定义函数:获得负载电流
float get_il(int j)
{
   float p;

   if((((int)(100000*j*SAMPLING_TIME))%((int)(100000*PERI-
OD)))<((int)(50000*PERIOD)))
   {
       p=PEAK;
   }
```

```
    else
    {
        p=-PEAK;
    }


    return p;
}
```

// 自定义函数:获得与电源电压同频同相并且幅值为 1V 的正弦信号

```
float get_sin(int j)
{
    float p;
    p=sin(2 *PAI *FREQUENCY *SAMPLING_TIME *j);
    return p;
}
```

　　对应 FZBJ11. C 文件的 MATLAB 仿真源程序 FZBJ11. m 如下:

```
% 读入数据文件
load E:\111\SIN. DAT;
load E:\111\IL. DAT;
load E:\111\IC1. DAT;
load E:\111\IC2. DAT;
load E:\111\ICERR1. DAT;
load E:\111\ICERR2. DAT;

% 绘制 SIN 波形
subplot(6,1,1);
plot(SIN,'k');
x1=0;
x2=5000;
y1=-1. 5;
y2=+1. 5;
axis([x1 x2 y1 y2]);

% 绘制 IL 波形
subplot(6,1,2);
```

```
plot(IL,'k');
x1=0;
x2=5000;
y1=-1.5;
y2=+1.5;
axis([x1 x2 y1 y2]);
```

% 绘制 IC1 波形
```
subplot(6,1,3);
plot(IC1,'k');
x1=0;
x2=5000;
y1=-1.5;
y2=+1.5;
axis([x1 x2 y1 y2]);
```

% 绘制 IC2 波形
```
subplot(6,1,4);
plot(IC2,'k');
x1=0;
x2=5000;
y1=-1.5;
y2=+1.5;
axis([x1 x2 y1 y2]);
```

% 绘制 ICERR1 波形
```
subplot(6,1,5);
plot(ICERR1,'k');
x1=0;
x2=5000;
y1=-0.04;
y2=+0.04;
axis([x1 x2 y1 y2]);
```

% 绘制 ICERR2 波形

```
subplot(6,1,6);
plot(ICERR2,'k');
x1=0;
x2=5000;
y1=-0.04;
y2=+0.04;
axis([x1 x2 y1 y2]);
```

　　运行 FZBJ11. C 文件,得到 SIN. dat、IL. dat、IC1. dat、IC2. dat、ICERR1. dat 和 ICERR2. dat 数据文件,这些文件将为 FZBJ11. m 所用。运行 FZBJ11. m 文件, 得到图 5-1-1。

　　将 FZBJ11. C 文件的定义"＃define IPT 4.0 * PEAK/PAI"改为"＃define IPT 2 * 1.73205081 * PEAK/PAI",函数 get_sin 改为:

```
float get_sin(int j)
{
    float p;
    p=sin(2 *PAI *FREQUENCY *SAMPLING_TIME *j+PAI/6.0);
    return p;
}
```

　　得到 FZBJ12. C 文件。同理,运行 FZBJ12. C 和 FZBJ11. m 文件,得到图 5-1-2。

　　将 FZBJ11. C 文件的定义"＃define FREQUENCY 52.0"改为"＃define FREQUENCY 48.0",得到 FZBJ13. C 文件。运行 FZBJ13. C 和 FZBJ11. m 文件, 得到图 5-1-3。

　　将 FZBJ11. C 文件中的定义"＃define FREQUENCY 52.0"改为"＃define FREQUENCY 48.0","＃define IPT 4.0 * PEAK/PAI"改为"＃define IPT 2 * 1.73205081 * PEAK/PAI",函数 get_sin 改为:

```
float get_sin(int j)
{
    float p;
    p=sin(2 *PAI *FREQUENCY *SAMPLING_TIME *j+PAI/6.0);
    return p;
}
```

　　得到 FZBJ14. C 文件。运行 FZBJ14. C 和 FZBJ11. m 文件,得到图 5-1-4。

　　C 语言仿真源程序文件 FZBJ15. C 如下:

```
// 文件包含
#include<math. h>
```

```
#include<graphics.h>
#include<conio.h>
#include<alloc.h>
#include<ctype.h>
#include<dos.h>
#include<stdlib.h>
#include<string.h>
#include<bios.h>
#include<stdio.h>
#include<time.h>
#include<fcntl.h>
#include<io.h>
#include<process.h>
#include<conio.h>
#include<dos.h>
#include<graphics.h>

// 宏定义
#define     DA              40

#define     PAI             3.14159265

#define     N_CAI           500
#define     ZONG_CAI        6000

#define     FREQUENCY       50.0
#define     PERIOD          1/FREQUENCY
#define     SAMPLING_TIME   1.0/(50.0*N_CAI)

#define     PEAK            1

#define     IPT             4.0*PEAK/PAI

#define     SHI             1
#define     SAN             240
```

```
#define     ZUO                 5

// 自定义函数原型
float get_il(int j);
float get_sin(int j);
float get_llsin(int j);

// 定义文件型指针
FILE *f1, *f2, *f3, *f4, *f5, *f6;

// 定义全局变量
int i;

float IP1,IP1qian;
float IP2,IP2qian;

float il_sin[N_CAI/2];
float il_sin_sum;

float sin_sin[N_CAI/2];
float sin_sin_sum;

main()
{
    int j;

    float a2behind=0;

    int gdriver=DETECT,gmode;

    initgraph(&gdriver,&gmode,"");

    if((f1=fopen("SIN.dat","w+"))==NULL)
    {
        printf("can't open file\n");
```

```
        exit(1);
    }
    if((f2=fopen("IL.dat","w+"))==NULL)
    {
        printf("can't open file\n");
        exit(1);
    }
    if((f3=fopen("IC1.dat","w+"))==NULL)
    {
        printf("can't open file\n");
        exit(1);
    }
    if((f4=fopen("IC2.dat","w+"))==NULL)
    {
        printf("can't open file\n");
        exit(1);
    }
    if((f5=fopen("ICERR1.dat","w+"))==NULL)
    {
        printf("can't open file\n");
        exit(1);
    }
    if((f6=fopen("ICERR2.dat","w+"))==NULL)
    {
        printf("can't open file\n");
        exit(1);
    }

    il_sin_sum=sin_sin_sum=0.0;

    for(i=0;i<ZONG_CAI;i++)
    {
        if(i%N_CAI==0)
        {
            if(i!=0)
```

```
            {
                getch();
                cleardevice();
            }
        }

    il_sin[N_CAI/2-1]=get_il(i)*get_sin(i);
    il_sin_sum=il_sin_sum+il_sin[N_CAI/2-1];

    sin_sin[N_CAI/2-1]=get_sin(i)*get_sin(i);
    sin_sin_sum=sin_sin_sum+sin_sin[N_CAI/2-1];

    if(i<(N_CAI/2))
    {
        for(j=0;j<=(N_CAI/2-2);j++)
        {
            il_sin[j]=il_sin[j+1];
            sin_sin[j]=sin_sin[j+1];
        }

        continue;
    }
    else
    {
        IP1=il_sin_sum/sin_sin_sum;
        IP2=il_sin_sum/(N_CAI/4.0);

        setcolor(BLUE);
        line(ZUO+(i%N_CAI+1-SHI),SAN,ZUO+(i%N_CAI+2-
        SHI),SAN);

// 绘制与电源电压同频同相并且幅值为 1V 的正弦信号波形
        setcolor(RED);
        line(ZUO+(i%N_CAI+1-SHI),SAN-DA*get_sin(i-1),ZUO
```

```
+(i%N_CAI+2-SHI),SAN-DA *get_sin(i));
```

// 绘制负载电流波形
```
setcolor(WHITE);
line(ZUO+(i%N_CAI+1-SHI),SAN-DA *get_il(i-1),ZUO+(i%
N_CAI+2-SHI),SAN-DA *get_il(i));
```

// 绘制直接计算法计算出的基波有功电流幅值的波形
```
setcolor(GREEN);
line(ZUO+(i%N_CAI+1-SHI),SAN-DA *IP1qian,ZUO+(i%N
_CAI+2-SHI),SAN-DA *IP1);
```

// 绘制离散傅里叶系数法计算出的基波有功电流幅值的波形
```
setcolor(YELLOW);
line(ZUO+(i%N_CAI+1-SHI),SAN-DA *IP2qian,ZUO+(i%N
_CAI+2-SHI),SAN-DA *IP2);
```

// 将数据读入文件
```
fprintf(f1,"%.7f\n",get_sin(i));
fprintf(f2,"%.7f\n",get_il(i));
fprintf(f3,"%.7f\n",get_il(i)-IP1 *get_sin(i));
fprintf(f4,"%.7f\n",get_il(i)-IP2 *get_sin(i));
fprintf(f5,"%.7f\n",IPT *get_llsin(i)-IP1 *get_sin
(i));
fprintf(f6,"%.7f\n",IPT *get_llsin(i)-IP2 *get_sin
(i));

il_sin_sum=il_sin_sum-il_sin[0];
sin_sin_sum=sin_sin_sum-sin_sin[0];
for(j=0;j<=((N_CAI/2)-2);j++)
{
    il_sin[j]=il_sin[j+1];
    sin_sin[j]=sin_sin[j+1];
}
```

```
                IP1qian=IP1;
                IP2qian=IP2;
            }
        }
    closegraph();
    fclose(f1);
    fclose(f2);
    fclose(f3);
    fclose(f4);
    fclose(f5);
    fclose(f6);

    return 0;
}
```

// 自定义函数:获得负载电流
```
float get_il(int j)
{
    float p;

    if(((((int)(100000*j*SAMPLING_TIME))%((int)(100000*PERI-
OD)))<((int)(50000*PERIOD)))
    {
        p=PEAK;
    }
    else
    {
        p=-PEAK;
    }

    return p;
}
```
// 自定义函数:获得与电源电压同频同相并且幅值为 1V 的正弦信号
```
float get_sin(int j)
{
```

```
    float p;
    p=sin(2 *PAI *j/N_CAI);
    if(fabs(p)>0. 8)
    {
        if(p>0)
        {
            p=0. 8;
        }
        else
        {
            p=-0. 8;
        }
    }

    return p;
}
```

// 自定义函数:获得与电源电压同频同相并且幅值为 1V 的正弦信号理论值

```
float get_llsin(int j)
{
    float p;
    p=sin(2 *PAI *j/N_CAI);
    return p;
}
```

　　对应 FZBJ15. C 文件的 MATLAB 仿真源程序 FZBJ15. m 如下：

% 读入数据文件

```
load E:\111\SIN. DAT;
load E:\111\IL. DAT;
load E:\111\IC1. DAT;
load E:\111\IC2. DAT;
load E:\111\ICERR1. DAT;
load E:\111\ICERR2. DAT;
```

% 绘制 SIN 波形

```
subplot(6,1,1);
```

```
plot(SIN,'k');
x1=0;
x2=5000;
y1=-1.5;
y2=+1.5;
axis([x1 x2 y1 y2]);
```

% 绘制 IL 波形
```
subplot(6,1,2);
plot(IL,'k');
x1=0;
x2=5000;
y1=-1.5;
y2=+1.5;
axis([x1 x2 y1 y2]);
```

% 绘制 IC1 波形
```
subplot(6,1,3);
plot(IC1,'k');
x1=0;
x2=5000;
y1=-1.5;
y2=+1.5;
axis([x1 x2 y1 y2]);
```

% 绘制 IC2 波形
```
subplot(6,1,4);
plot(IC2,'k');
x1=0;
x2=5000;
y1=-1.5;
y2=+1.5;
axis([x1 x2 y1 y2]);
```

% 绘制 ICERR1 波形

```
subplot(6,1,5);
plot(ICERR1,'k');
x1=0;
x2=5000;
y1=-0.5;
y2=+0.5;
axis([x1 x2 y1 y2]);
```

% 绘制 ICERR2 波形
```
subplot(6,1,6);
plot(ICERR2,'k');
x1=0;
x2=5000;
y1=-0.5;
y2=+0.5;
axis([x1 x2 y1 y2]);
```
　　同理,运行 FZBJ15.C 和 FZBJ15.m 文件,得到图 5-1-5。

　　将 FZBJ15.C 文件中的"#define IPT 4.0 *PEAK/PAI"改为"#define IPT 2.0 * 1.73205081 * PEAK/PAI",将函数 get_sin 和 get_llsin 分别改为:

```
float get_sin(int j)
{
    float p;
    p=sin(2*PAI*j/N_CAI+PAI/6.0);
    if(fabs(p)>0.8)
    {
        if(p>0)
        {
            p=0.8;
        }
        else
        {
            p=-0.8;
        }
    }
}
```

```c
    return p;
}


float get_llsin(int j)
{
    float p;
    p=sin(2 *PAI *j/N_CAI+PAI/6.0);
    return p;
}
```

　　得到 FZBJ16.C 文件。运行 FZBJ16.C 和 FZBJ15.m 文件,得到图 5-1-6。

　　将 FZBJ15.C 文件中的函数 get_sin 改为:

```c
float get_sin(int j)
{
    float p;
    p=sin(2 *PAI *j/(CAITIME));
    if(fabs(p)>0.7)
    {
        if(p>0)
        {
            p=1.0;
        }
        else
        {
            p=-1.0;
        }
    }
    return p;
}
```

　　得到 FZBJ17.C 文件。运行 FZBJ17.C 和 FZBJ15.m 文件,得到图 5-1-7。

　　将 FZBJ15.C 文件中的"＃define IPT 4.0 * PEAK/PAI"改为"＃define IPT 2.0 * 1.73205081 * PEAK/PAI",函数 get_sin 和 get_llsin 分别改为:

```c
float get_sin(int j)
{
    float p;
    p=sin(2 *PAI *j/N_CAI+PAI/6.0);
```

```
    if(fabs(p)>0.7)
    {
        if(p>0)
        {
            p=1.0;
        }
        else
        {
            p=-1.0;
        }
    }

    return p;
}
float get_llsin(int j)
{
    float p;
    p=sin(2*PAI*j/N_CAI+PAI/6.0);
    return p;
}
```

得到 FZBJ18.C 文件。运行 FZBJ18.C 和 FZBJ15.m 文件,得到图 5-1-8。

从而得到这两种算法的仿真比较波形如图 5-1-1~图 5-1-8 所示。图中,SIN 为与电源电压同频同相并且幅值为 1V 的正弦信号,IL 为负载电流,IC1、ICERR1 分别为直接计算法计算出的谐波与无功电流之和、误差(等于 IC1 减去理论上的谐波与无功电流之和),IC2、ICERR2 分别为离散傅里叶系数法计算出的谐波与无功电流之和、误差(等于 IC2 减去理论上的谐波与无功电流之和)。在图 5-1-1、图 5-1-3、图 5-1-5 和图 5-1-7 中,IL 由负到正的过零值点与 SIN 相同;而在图 5-1-2、图 5-1-4、图 5-1-6 和图 5-1-8 中,IL 由负到正的过零值点在 SIN 的 30°处。

图 5-1-1~图 5-1-4 为电源电压无畸变而电源频率发生波动时的仿真比较波形。其中,图 5-1-1 和图 5-1-2 是电源频率由 50Hz 波动为 52Hz 时的仿真比较波形,图 5-1-3 和图 5-1-4 是电源频率由 50Hz 波动为 48Hz 时的仿真比较波形。由图 5-1-1~图 5-1-4 可以看出:|ICERR1|的最大值分别明显小于|ICERR2|的最大值。因此,在电源电压无畸变而电源频率发生波动时,直接计算法的计算精度明显高于离散傅里叶系数法的计算精度。

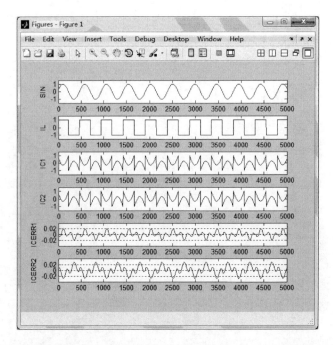

图 5-1-1　电源电压无畸变而电源频率由 50Hz 波动为 52Hz 时的仿真比较波形一

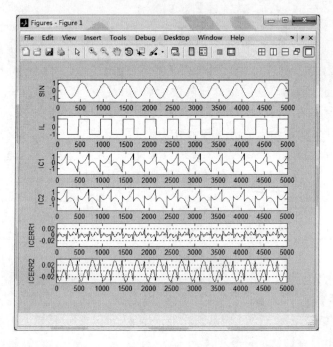

图 5-1-2　电源电压无畸变而电源频率由 50Hz 波动为 52Hz 时的仿真比较波形二

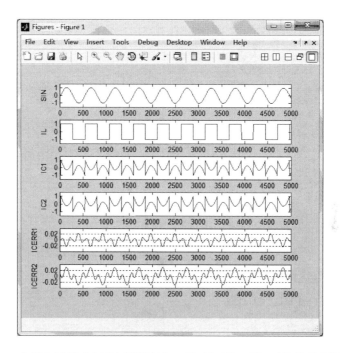

图 5-1-3　电源电压无畸变而电源频率由 50Hz 波动为 48Hz 时的仿真比较波形一

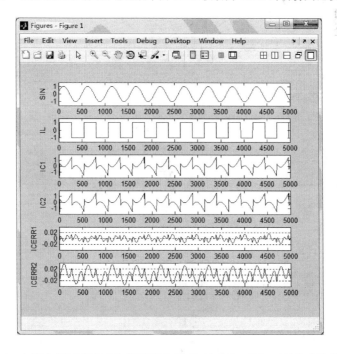

图 5-1-4　电源电压无畸变而电源频率由 50Hz 波动为 48Hz 时的仿真比较波形二

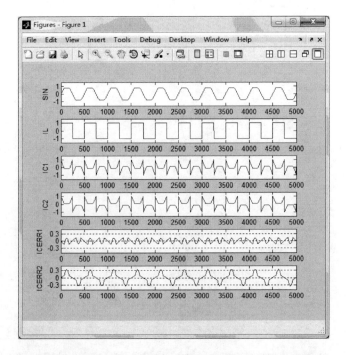

图 5-1-5　电源频率不变而电源电压发生畸变时的仿真比较波形一

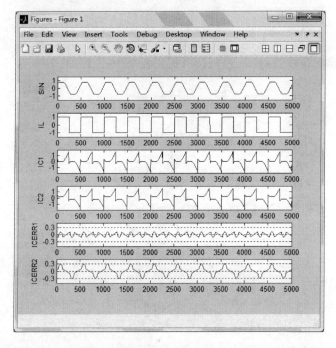

图 5-1-6　电源频率不变而电源电压发生畸变时的仿真比较波形二

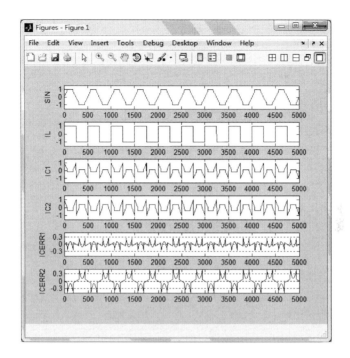

图 5-1-7　电源频率不变而电源电压发生畸变时的仿真比较波形三

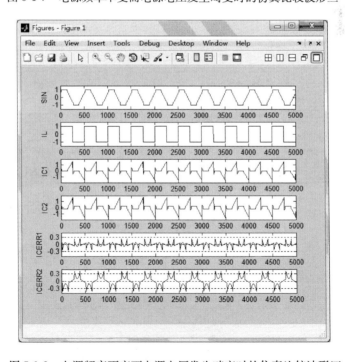

图 5-1-8　电源频率不变而电源电压发生畸变时的仿真比较波形四

图 5-1-5～图 5-1-8 为电源频率不变(固定的 50Hz)而电源电压发生畸变时的仿真比较波形。由图 5-1-5～图 5-1-8 可以看出：|ICERR1|的最大值分别明显小于|ICERR2|的最大值。因此，在电源频率不变而电源电压发生畸变时，直接计算法的计算精度明显高于离散傅里叶系数法的计算精度。

5.2　简化的神经元自适应法和简化的神经网络自适应法的仿真比较

第 4 章介绍了神经元自适应法和神经网络自适应法的仿真。仿真表明：当 $n=1$ 且 $\alpha=0$ 时，由神经元自适应法可得到简化的神经元自适应法；当 $n_1=1$ 且 $n_2=1$ 时，由神经网络自适应法可得到简化的神经网络自适应法。本节介绍简化的神经元自适应法和简化的神经网络自适应法的仿真比较，内容包括 C 语言仿真比较源程序、MATLAB 仿真比较源程序和仿真比较波形。

5.2.1　两种算法简介

1. 简化的神经元自适应法简介

在神经元自适应法中，令 $n=1$ 且 $\alpha=0$，则可得到简化的神经元自适应法。简化的神经元自适应法的检测电路如图 5-2-1 所示。其中，$u_s(t)$ 为电源电压，$i_L(t)$ 为负载电流。

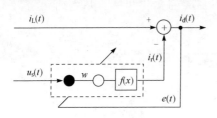

图 5-2-1　简化的神经元
自适应法的检测电路

输入层为 $u_s(k)$。
神经元的净输入为
$$s(k)=wu_s(k)+\theta(k) \qquad (5\text{-}2\text{-}1)$$
神经元的输出为
$$i_r(k)=f(s(k)) \qquad (5\text{-}2\text{-}2)$$
式中，w 为神经元的权值；θ 为神经元的阈值；$f(x)$ 为激活函数。
取 $f(x)=x$，则神经元的输出为
$$i_r(k)=wu_s(k)+\theta(k) \qquad (5\text{-}2\text{-}3)$$

神经元的学习采用有监督的 delta 学习规则，通过 $e(k)$ 来调节权值和阈值。相应的修正公式为
$$w(k+1)=w(k)+\eta e(k)u_s(k) \qquad (5\text{-}2\text{-}4)$$
$$\theta(k+1)=\theta(k)+\eta e(k) \qquad (5\text{-}2\text{-}5)$$
式中，η 为学习率($0<\eta\leqslant1$)。

使用此算法经过若干次迭代，$e^2(k)/2$ 逐渐趋于最小值，权值接近最佳值，此

时 $i_r(t)$ 逼近负载电流 $i_L(t)$ 中理论上的基波有功电流 $i_p^*(t)$，从而系统输出 $i_d(t)$ 逼近 $i_L(t)$ 中理论上的谐波与无功电流之和 $i_c^*(t)$，完成谐波与无功电流的检测。

2. 简化的神经网络自适应法简介

在神经网络自适应法中，令 $n_1=1$ 且 $n_2=1$，则可得到简化的神经网络自适应法。简化的神经网络自适应法的检测电路如图 5-2-2 所示。其中，$u_s(t)$ 为电源电压，$i_L(t)$ 为负载电流。

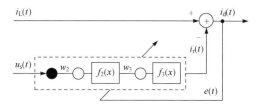

图 5-2-2　简化的神经网络自适应法的检测电路

输入层为 $u_s(k)$。

隐层为

$$s_2(k)=w_2(k)u_s(k)+\theta_2(k) \tag{5-2-6}$$

$$x_2(k)=f_2(s_2(k)), \quad f_2(x)=\frac{1-e^{-x}}{1+e^{-x}} \tag{5-2-7}$$

输出层为

$$s_3(k)=w_3(k)x_2(k)+\theta_3(k) \tag{5-2-8}$$

$$i_r(k)=f_3(s_3(k)), \quad f_3(x)=x \tag{5-2-9}$$

式中，w_2 为输入层和隐层之间的权值；w_3 为隐层和输出层之间的权值；θ_2 和 θ_3 为阈值。

ANN 的学习采用误差反传（BP）算法，BP 算法通过误差 $e(k)$ 来调节权值和阈值。相应的修正公式为

$$\delta(k)=e(k)f_3'(s_3(k)) \tag{5-2-10}$$

$$w_3(k+1)=w_3(k)+\eta\delta(k)x_2(k) \tag{5-2-11}$$

$$\theta_3(k+1)=\theta_3(k)+\eta\delta(k) \tag{5-2-12}$$

$$w_2(k+1)=w_2(k)+\eta\delta(k)f_2'(s_2(k))w_3(k)u_s(k) \tag{5-2-13}$$

$$\theta_2(k+1)=\theta_2(k)+\eta\delta(k)f_2'(s_2(k))w_3(k) \tag{5-2-14}$$

式中，η 为学习率；$f_3'(x)=1$；$f_2'(x)=\dfrac{1-f_2^2(x)}{2}$。

使用此算法经过若干次迭代，$e^2(k)/2$ 逐渐趋于最小值，权值接近最佳值，此时 $i_r(t)$ 逼近负载电流 $i_L(t)$ 中理论上的基波有功电流 $i_p^*(t)$，从而系统输出 $i_d(t)$ 逼

近 $i_L(t)$ 中理论上的谐波与无功电流之和 $i_c^*(t)$，完成谐波与无功电流的检测。

5.2.2 仿真比较

对于这两种算法，应合适地选择：负载电流在一个周期内的采样个数 N 和学习率 η。仿真比较时，选择 $N=20$、$\eta=0.12$ 较为合适。

根据这两种算法设计的 C 语言仿真源程序文件 FZBJ21.C 如下：

```
// 文件包含
#include<math.h>
#include<graphics.h>
#include<conio.h>
#include<alloc.h>
#include<ctype.h>
#include<dos.h>
#include<stdlib.h>
#include<string.h>
#include<bios.h>
#include<stdio.h>
#include<time.h>
#include<fcntl.h>
#include<io.h>
#include<process.h>
#include<conio.h>
#include<dos.h>
#include<graphics.h>


// 宏定义
#define     DA          80.0

#define     N_CAI       20
#define     ZONG_CAI    400
#define     VARY        200

#define     P1          0.5
#define     P2          1.0
```

```
#define      PAI          3.14159265

#define      x            25
#define      SHI          1
#define      ZUO          5

#define      SAN1         100
#define      SAN2         320

#define      YITA         0.12

#define      IPT_REF      1.27323956
```

```
// 自定义函数原型
double get_il(int j);
double get_sin(int j);
double f2x(double t);
double f21x(double t);
```

```
// 定义文件型指针
FILE *f1, *f2, *f3, *f4, *f5, *f6, *f7, *f8;
```

```
// 定义全局变量
int i;

float IPT;

float SINK;
float ILK;

float IPSINK1,IPSINK1QIAN;
float ICK1,ICK1QIAN;
float WK;
float SEK;
```

```
double IPSINK2,IPSINK2QIAN;
double ICK2,ICK2QIAN;

double W2K;
double SE2K;
double W3K;
double SE3K;
double S2K;
double X2K;

main()
{

    int j;

    int gdriver=DETECT,gmode;

    initgraph(&gdriver,&gmode,"");

    IPSINK1QIAN=0.0;
    ICK1QIAN=0.0;
    SEK=0.0;
    WK=(random(100)-50.0)/51.0;

    IPSINK2QIAN=0.0;
    ICK2QIAN=0.0;
    SE2K=0.0;
    SE3K=0.0;
    W2K=(random(100)-50.0)/51.0;
    W3K=(random(100)-50.0)/51.0;

    if((f1=fopen("SIN.dat","w+"))==NULL)
    {
        printf("can't open file\n");
        exit(1);
```

```
}
if((f2=fopen("IL.dat","w+"))==NULL)
{
    printf("can't open file\n");
    exit(1);
}
if((f3=fopen("IPSIN1.dat","w+"))==NULL)
{
    printf("can't open file\n");
    exit(1);
}
if((f4=fopen("IC1.dat","w+"))==NULL)
{
    printf("can't open file\n");
    exit(1);
}
if((f5=fopen("ICERR1.dat","w+"))==NULL)
{
    printf("can't open file\n");
    exit(1);
}
if((f6=fopen("IPSIN2.dat","w+"))==NULL)
{
    printf("can't open file\n");
    exit(1);
}
if((f7=fopen("IC2.dat","w+"))==NULL)
{
    printf("can't open file\n");
    exit(1);
}
if((f8=fopen("ICERR2.dat","w+"))==NULL)
{
    printf("can't open file\n");
    exit(1);
```

```
        }

    for(i=0;i<ZONG_CAI;i++)
    {
        if(i%(N_CAI)==0)
        {
            if(i!=0)
            {
                getch();
                cleardevice();
            }
        }
        SINK=get_sin(i);
        ILK=get_il(i);
```

// 简化的神经元自适应法计算程序
```
        IPSINK1=WK*SINK+SEK;
        ICK1=ILK-IPSINK1;
        WK=WK+YITA*ICK1*SINK;
        SEK=SEK+YITA*ICK1;
```

// 简化的神经网络自适应法计算程序
```
        S2K=W2K*SINK+SE2K;
        X2K=f2x(S2K);
        IPSINK2=W3K*X2K+SE3K;
        ICK2=ILK-IPSINK2;
        W2K=W2K+YITA*ICK2*f21x(S2K)*W3K*SINK;
        SE2K=SE2K+YITA*ICK2*f21x(S2K)*W3K;
        W3K=W3K+YITA*ICK2*X2K;
        SE3K=SE3K+YITA*ICK2;
```

//绘制简化的神经元自适应法计算得到的波形
```
        setcolor(BLUE);
        line(ZUO+((i%N_CAI)*x-SHI),SAN1,ZUO+(((i+1)%N_CAI)*x
        -SHI),SAN1);
```

```
setcolor(GREEN);
line(ZUO+((i%N_CAI)*x-SHI),SAN1-DA*get_sin(i-1),
ZUO+(((i+1)%N_CAI)*x-SHI),SAN1-DA*get_sin(i));
setcolor(WHITE);
line(ZUO+((i%N_CAI)*x-SHI),SAN1-DA*get_il(i-1),
ZUO+(((i+1)%N_CAI)*x-SHI),SAN1-DA*get_il(i));
setcolor(RED);
line(ZUO+((i%N_CAI)*x-SHI),SAN1-DA*IPSINK1QIAN,ZUO+
(((i+1)%N_CAI)*x-SHI),SAN1-DA*IPSINK1);
setcolor(YELLOW);
line(ZUO+((i%N_CAI)*x-SHI),SAN1-DA*ICK1QIAN,ZUO+(((i
+1)%N_CAI)*x-SHI),SAN1-DA*ICK1);
```

// 绘制简化的神经网络自适应法计算得到的波形

```
setcolor(BLUE);
line(ZUO+((i%N_CAI)*x-SHI),SAN2,ZUO+(((i+1)%N_CAI)*x
-SHI),SAN2);
setcolor(GREEN);
line(ZUO+((i%N_CAI)*x-SHI),SAN2-DA*get_sin(i-1),ZUO+
(((i+1)%N_CAI)*x-SHI),SAN2-DA*get_sin(i));
setcolor(WHITE);
line(ZUO+((i%N_CAI)*x-SHI),SAN2-DA*get_il(i-1),ZUO+(((i
+1)%N_CAI)*x-SHI),SAN2-DA*get_il(i));
setcolor(RED);
line(ZUO+((i%N_CAI)*x-SHI),SAN2-DA*IPSINK2QIAN,
ZUO+(((i+1)%N_CAI)*x-SHI),SAN2-DA*IPSINK2);
setcolor(YELLOW);
line(ZUO+((i%N_CAI)*x-SHI),SAN2-DA*ICK2QIAN,ZUO+(((i
+1)%N_CAI)*x-SHI),SAN2-DA*ICK2);
```

// 将数据读入文件

```
fprintf(f1,"%.7f\n",SINK);
fprintf(f2,"%.7f\n",ILK);

fprintf(f3,"%.7f\n",IPSINK1);
```

```
        fprintf(f4,"%.7f\n",ICK1);
        fprintf(f5,"%.7f\n",(IPT*SINK-IPSINK1));

        fprintf(f3,"%.7f\n",IPSINK2);
        fprintf(f4,"%.7f\n",ICK2);
        fprintf(f5,"%.7f\n",(IPT*SINK-IPSINK2));

        IPSINK1QIAN=IPSINK1;
        ICK1QIAN=ICK1;

        IPSINK2QIAN=IPSINK2;
        ICK2QIAN=ICK2;
    }
    closegraph();
    fclose(f1);
    fclose(f2);
    fclose(f3);
    fclose(f4);
    fclose(f5);
    fclose(f6);
    fclose(f7);
    fclose(f8);
    return 0;
}


// 自定义函数:获得负载电流
double get_il(int j)
{
    double p;
    if(j<VARY)
    {
        IPT=0.5*IPT_REF;
        if(((j/(N_CAI/2))%2)==0)
        {
            p=P1;
```

```
        }
        else
        {
            p=-P1;
        }
        if(j%(N_CAI/2)==0)
        {
            p=0.0;
        }
    }
    else
    {
        IPT=IPT_REF;
        if(((j/(N_CAI/2))%2)==0)
        {
            p=P2;
        }
        else
        {
            p=-P2;
        }
        if(j%(N_CAI/2)==0)
        {
            p=0.0;
        }
    }
    return p;
}


// 自定义函数:获得与电源电压同频同相并且幅值为 1V 的正弦信号
double get_sin(int j)
{
    double p;
    p=sin(2*PAI*j/N_CAI);
    return p;
```

```
}


// 自定义函数:求 f_2(x) = (1-e^{-x})/(1+e^{-x})
double f2x(double t)
{
    double p;
    p=(1-exp(-t))/(1+exp(-t));
    return p;
}


// 自定义函数:求 f_2(x)的导数
double f21x(double t)
{
    double p;
    p=(1-f2x(t)*f2x(t))/2.0;
    return p;
}
```

对应 FZBJ21. C 文件的 MATLAB 仿真源程序 FZBJ21. m 如下:

```
% 读入数据文件
load E:\111\SIN. DAT;
load E:\111\IL. DAT;
load E:\111\IP1. DAT;
load E:\111\IP2. DAT;
load E:\111\IC1. DAT;
load E:\111\IC2. DAT;
load E:\111\ICERR1. DAT;
load E:\111\ICERR2. DAT;


% 绘制 SIN 波形
subplot(8,1,1);
plot(SIN,'k');
x1=120;
x2=320;
y1=-1.5;
y2=+1.5;
```

```
axis([x1 x2 y1 y2]);
```

% 绘制 IL 波形
```
subplot(8,1,2);
plot(IL,'k');
x1=120;
x2=320;
y1=-1.5;
y2=+1.5;
axis([x1 x2 y1 y2]);
```

% 绘制 IP1 波形
```
subplot(8,1,3);
plot(IP1,'k');
x1=120;
x2=320;
y1=-1.5;
y2=+1.5;
axis([x1 x2 y1 y2]);
```

% 绘制 IP2 波形
```
subplot(8,1,4);
plot(IP2,'k');
x1=120;
x2=320;
y1=-1.5;
y2=+1.5;
axis([x1 x2 y1 y2]);
```

% 绘制 IC1 波形
```
subplot(8,1,5);
plot(IC1,'k');
x1=120;
x2=320;
y1=-1.5;
```

```
y2=+1.5;
axis([x1 x2 y1 y2]);
```

% 绘制 IC2 波形
```
subplot(8,1,6);
plot(IC2,'k');
x1=120;
x2=320;
y1=-1.5;
y2=+1.5;
axis([x1 x2 y1 y2]);
```

% 绘制 ICERR1 波形
```
subplot(8,1,7);
plot(ICERR1,'k');
x1=120;
x2=320;
y1=-0.5;
y2=+0.5;
axis([x1 x2 y1 y2]);
```

% 绘制 ICERR2 波形
```
subplot(8,1,8);
plot(ICERR2,'k');
x1=120;
x2=320;
y1=-0.5;
y2=+0.5;
axis([x1 x2 y1 y2]);
```

　　运行 FZBJ21. C 文件，得到 SIN. dat、IL. dat、IPSIN1. dat、IPSIN2. dat、IC1. dat、IC2. dat、ICERR1. dat 和 ICERR2. dat 数据文件，这些文件将为 FZBJ21. m 文件所用。运行 FZBJ21. m 文件，得到图 5-2-3。

　　C 语言仿真源程序文件 FZBJ22. C 如下：
```
// 文件包含
#include<math. h>
```

```c
#include<graphics.h>
#include<conio.h>
#include<alloc.h>
#include<ctype.h>
#include<dos.h>
#include<stdlib.h>
#include<string.h>
#include<bios.h>
#include<stdio.h>
#include<time.h>
#include<fcntl.h>
#include<io.h>
#include<process.h>
#include<conio.h>
#include<dos.h>
#include<graphics.h>

// 宏定义
#define    DA           80.0

#define    N_CAI        20
#define    ZONG_CAI     400

#define    FREQUENCY        52.0
#define    PERIOD           1/FREQUENCY
#define    SAMPLING_TIME    1.0/(50.0*N_CAI)

#define    PEAK         1

#define    PAI          3.14159265

#define    x            25
#define    SHI          1
#define    ZUO          5
```

```
#define     SAN1          100
#define     SAN2          320

#define     YITA          0.12

#define     IPT_REF       1.27323956
```

```
// 自定义函数原型
double get_il(int j);
double get_sin(int j);
double f2x(double t);
double f21x(double t);
```

```
// 定义文件型指针
FILE *f1, *f2, *f3, *f4, *f5, *f6;
```

```
// 定义全局变量
int i;

float IPT;

float SINK;
float ILK;

float IPSINK1;
float ICK1,ICK1QIAN;
float WK;
float SEK;

double IPSINK2;
double ICK2,ICK2QIAN;

double W2K;
double SE2K;
double W3K;
```

```c
double SE3K;
double S2K;
double X2K;

main()
{

    int j;

    int gdriver=DETECT,gmode;

    initgraph(&gdriver,&gmode,"");

    ICK1QIAN=0.0;
    SEK=0.0;
    WK=(random(100)-50.0)/51.0;

    ICK2QIAN=0.0;
    SE2K=0.0;
    SE3K=0.0;
    W2K=(random(100)-50.0)/51.0;
    W3K=(random(100)-50.0)/51.0;

    if((f1=fopen("SIN.dat","w+"))==NULL)
    {
        printf("can't open file\n");
        exit(1);
    }
    if((f2=fopen("IL.dat","w+"))==NULL)
    {
        printf("can't open file\n");
        exit(1);
    }
    if((f3=fopen("IC1.dat","w+"))==NULL)
    {
```

```c
        printf("can't open file\n");
        exit(1);
    }
    if((f4=fopen("ICERR1.dat","w+"))==NULL)
    {
        printf("can't open file\n");
        exit(1);
    }
    if((f5=fopen("IC2.dat","w+"))==NULL)
    {
        printf("can't open file\n");
        exit(1);
    }
    if((f6=fopen("ICERR2.dat","w+"))==NULL)
    {
        printf("can't open file\n");
        exit(1);
    }

    IPT=IPT_REF;

    for(i=0;i<ZONG_CAI;i++)
    {
        if(i%(N_CAI)==0)
        {
            if(i!=0)
            {
                getch();
                cleardevice();
            }
        }

        SINK=get_sin(i);
        ILK=get_il(i);
```

// 简化的神经元自适应法计算程序

```
IPSINK1=WK *SINK+SEK;
ICK1=ILK-IPSINK1;
WK=WK+YITA *ICK1 *SINK;
SEK=SEK+YITA *ICK1;
```

// 简化的神经网络自适应法计算程序

```
S2K=W2K *SINK+SE2K;
X2K=f2x(S2K);
IPSINK2=W3K *X2K+SE3K;
ICK2=ILK-IPSINK2;
W2K=W2K+YITA *ICK2 *f21x(S2K) *W3K *SINK;
SE2K=SE2K+YITA *ICK2 *f21x(S2K) *W3K;
W3K=W3K+YITA *ICK2 *X2K;
SE3K=SE3K+YITA *ICK2;
```

// 绘制简化的神经元自适应法计算得到的波形

```
setcolor(BLUE);
line(ZUO+((i%N_CAI) *x-SHI),SAN1,ZUO+(((i+1)%N_CAI) *x
-SHI),SAN1);
setcolor(GREEN);
line(ZUO+((i%N_CAI) *x-SHI),SAN1-DA *get_sin(i-1),ZUO+(((i
+1)%N_CAI) *x-SHI),SAN1-DA *get_sin(i));
setcolor(WHITE);
line(ZUO+((i%N_CAI) *x-SHI),SAN1-DA *get_il(i-1),
ZUO+(((i+1)%N_CAI) *x-SHI),SAN1-DA *get_il(i));
setcolor(YELLOW);
line(ZUO+((i%N_CAI) *x-SHI),SAN1-DA *ICK1QIAN,ZUO+(((i
+1)%N_CAI) *x-SHI),SAN1-DA *ICK1);
```

// 绘制简化的神经网络自适应法计算得到的波形

```
setcolor(BLUE);
line(ZUO+((i%N_CAI) *x-SHI),SAN2,ZUO+(((i+1)%N_CAI) *x
-SHI),SAN2);
setcolor(GREEN);
```

```
        line(ZUO+((i%N_CAI)*x-SHI),SAN2-DA*get_sin(i-1),ZUO+(((i
        +1)%N_CAI)*x-SHI),SAN2-DA*get_sin(i));
        setcolor(WHITE);
        line(ZUO+((i%N_CAI)*x-SHI),SAN2-DA*get_il(i-1),ZUO+(((i
        +1)%N_CAI)*x-SHI),SAN2-DA*get_il(i));
        setcolor(RED);
        line(ZUO+((i%N_CAI)*x-SHI),SAN2-DA*ICK2QIAN,ZUO+(((i
        +1)%N_CAI)*x-SHI),SAN2-DA*ICK2);
```

// 将数据读入文件

```
        fprintf(f1,"%.7f\n",SINK);
        fprintf(f2,"%.7f\n",ILK);

        fprintf(f3,"%.7f\n",ICK1);
        fprintf(f4,"%.7f\n",(IPT*SINK-IPSINK1));

        fprintf(f5,"%.7f\n",ICK2);
        fprintf(f6,"%.7f\n",(IPT*SINK-IPSINK2));

        ICK1QIAN=ICK1;
        ICK2QIAN=ICK2;
    }
    closegraph();
    fclose(f1);
    fclose(f2);
    fclose(f3);
    fclose(f4);
    fclose(f5);
    close(f6);
    return 0;
}
```

// 自定义函数:获得负载电流
```
double get_il(int j)
{
```

```
    double p;

    if(((((int)(100000 *j *SAMPLING_TIME))%((int)(100000 *PERI-
OD)))<((int)(50000 *PERIOD)))
    {
        p=PEAK;
    }
    else
    {
        p=-PEAK;
    }
    return p;
}
```

// 自定义函数:获得与电源电压同频同相并且幅值为 1V 的正弦信号
```
double get_sin(int j)
{
    double p;
    p=sin(2 *PAI *FREQUENCY *SAMPLING_TIME *j);
    return p;
}
```

// 自定义函数:求 $f_2(x) = (1-e^{-x})/(1+e^{-x})$
```
double f2x(double t)
{
    double p;
    p=(1-exp(-t))/(1+exp(-t));
    return p;
}
```

// 自定义函数:求 $f_2(x)$ 的导数
```
double f21x(double t)
{
    double p;
    p=(1-f2x(t) *f2x(t))/2.0;
```

```
    return p;
}
```

　　对应 FZBJ22.C 文件的 MATLAB 仿真源程序 FZBJ22.m 如下:

```
% 读入数据文件
load E:\111\SIN.DAT;
load E:\111\IL.DAT;
load E:\111\IC1.DAT;
load E:\111\IC2.DAT;
load E:\111\ICERR1.DAT;
load E:\111\ICERR2.DAT;


% 绘制 SIN 波形
subplot(6,1,1);
plot(SIN,'k');
x1=120;
x2=320;
y1=-1.5;
y2=+1.5;
axis([x1 x2 y1 y2]);


% 绘制 IL 波形
subplot(6,1,2);
plot(IL,'k');
x1=120;
x2=320;
y1=-1.5;
y2=+1.5;
axis([x1 x2 y1 y2]);


% 绘制 IC1 波形
subplot(6,1,3);
plot(IC1,'k');
x1=120;
x2=320;
y1=-1.5;
```

```
y2=+1.5;
axis([x1 x2 y1 y2]);
```

% 绘制 IC2 波形
```
subplot(6,1,4);
plot(IC2,'k');
x1=120;
x2=320;
y1=-1.5;
y2=+1.5;
axis([x1 x2 y1 y2]);
```

% 绘制 ICERR1 波形
```
subplot(6,1,5);
plot(ICERR1,'k');
x1=120;
x2=320;
y1=-0.4;
y2=+0.4;
axis([x1 x2 y1 y2]);
```

% 绘制 ICERR2 波形
```
subplot(6,1,6);
plot(ICERR2,'k');
x1=120;
x2=320;
y1=-0.4;
y2=+0.4;
axis([x1 x2 y1 y2]);
```

　　运行 FZBJ22.C 文件，得到 SIN.dat、IL.dat、IC1.dat、IC2.dat、ICERR1.dat 和 ICERR2.dat 数据文件，这些文件将为 FZBJ22.m 文件所用。运行 FZBJ22.m 文件，得到图 5-2-4。

　　将 FZBJ22.C 文件中的定义"♯define FREQUENCY 52.0"改为"♯define FREQUENCY 48.0"，则得到文件 FZBJ23.C。同理，运行 FZBJ23.C 和 FZBJ22.m 文件，得到图 5-2-5。

　　　C语言仿真源程序文件 FZBJ24.C 如下：

```
// 文件包含
#include<math.h>
#include<graphics.h>
#include<conio.h>
#include<alloc.h>
#include<ctype.h>
#include<dos.h>
#include<stdlib.h>
#include<string.h>
#include<bios.h>
#include<stdio.h>
#include<time.h>
#include<fcntl.h>
#include<io.h>
#include<process.h>
#include<conio.h>
#include<dos.h>
#include<graphics.h>


// 宏定义
#define      DA            80.0

#define      N_CAI         20
#define      ZONG_CAI      400

#define      PEAK          1

#define      PAI           3.14159265

#define      x             25
#define      SHI           1
#define      ZUO           5

#define      SAN1          100
```

```
#define     SAN2        320

#define     YITA        0.12

#define     IPT_REF     1.27323956
```

```
// 自定义函数原型
double get_il(int j);
double get_sin(int j);
double get_llsin(int j);

double f2x(double t);
double f21x(double t);
```

```
// 定义文件型指针
FILE *f1,*f2,*f3,*f4,*f5,*f6;
```

```
// 定义全局变量
int i;

float IPT;

float SINK;
float ILK;

float IPSINK1;
float ICK1,ICK1QIAN;
float WK;
float SEK;

double IPSINK2;
double ICK2,ICK2QIAN;

double W2K;
double SE2K;
```

```c
double W3K;
double SE3K;
double S2K;
double X2K;

main()
{

    int j;

    int gdriver=DETECT,gmode;

    initgraph(&gdriver,&gmode,"");

    ICK1QIAN=0.0;
    SEK=0.0;
    WK=(random(100)-50.0)/51.0;

    ICK2QIAN=0.0;
    SE2K=0.0;
    SE3K=0.0;
    W2K=(random(100)-50.0)/51.0;
    W3K=(random(100)-50.0)/51.0;

    if((f1=fopen("SIN.dat","w+"))==NULL)
    {
        printf("can't open file\n");
        exit(1);
    }
    if((f2=fopen("IL.dat","w+"))==NULL)
    {
        printf("can't open file\n");
        exit(1);
    }
    if((f3=fopen("IC1.dat","w+"))==NULL)
```

```
{
    printf("can't open file\n");
    exit(1);
}
if((f4=fopen("ICERR1.dat","w+"))==NULL)
{
    printf("can't open file\n");
    exit(1);
}
if((f5=fopen("IC2.dat","w+"))==NULL)
{
    printf("can't open file\n");
    exit(1);
}
if((f6=fopen("ICERR2.dat","w+"))==NULL)
{
    printf("can't open file\n");
    exit(1);
}

IPT=IPT_REF;

for(i=0;i<ZONG_CAI;i++)
{
    if(i%N_CAI==0)
    {
        if(i!=0)
        {
            getch();
            cleardevice();
        }
    }

    SINK=get_sin(i);
    ILK=get_il(i);
```

```
// 简化的神经元自适应法计算程序
      IPSINK1=WK *SINK+SEK;
      ICK1=ILK-IPSINK1;
      WK=WK+YITA *ICK1 *SINK;
      SEK=SEK+YITA *ICK1;
```

```
// 简化的神经网络自适应法计算程序
      S2K=W2K *SINK+SE2K;
      X2K=f2x(S2K);
      IPSINK2=W3K *X2K+SE3K;
      ICK2=ILK-IPSINK2;
      W2K=W2K+YITA *ICK2 *f21x(S2K) *W3K *SINK;
      SE2K=SE2K+YITA *ICK2 *f21x(S2K) *W3K;
      W3K=W3K+YITA *ICK2 *X2K;
      SE3K=SE3K+YITA *ICK2;
```

```
// 绘制简化的神经元自适应法计算得到的波形
      setcolor(BLUE);
      line(ZUO+((i%N_CAI) *x-SHI),SAN1,ZUO+(((i+1)%N_CAI) *x
      -SHI),SAN1);
      setcolor(GREEN);
      line(ZUO+((i%N_CAI) *x-SHI),SAN1-DA *get_sin(i-1),ZUO
      +(((i+1)%N_CAI) *x-SHI),SAN1-DA *get_sin(i));
      setcolor(WHITE);
      line(ZUO+((i%N_CAI) *x-SHI),SAN1-DA *get_il(i-1),ZUO
      +(((i+1)%N_CAI) *x-SHI),SAN1-DA *get_il(i));
      setcolor(YELLOW);
      line(ZUO+((i%N_CAI) *x-SHI),SAN1-DA *ICK1QIAN,ZUO+(((i
      +1)%N_CAI) *x-SHI),SAN1-DA *ICK1);
```

```
// 绘制简化的神经网络自适应法计算得到的波形
      setcolor(BLUE);
      line(ZUO+((i%N_CAI) *x-SHI),SAN2,ZUO+(((i+1)%N_CAI) *x
      -SHI),SAN2);
```

```
    setcolor(GREEN);
    line(ZUO+((i%N_CAI)*x-SHI),SAN2-DA*get_sin(i-1),ZUO
    +(((i+1)%N_CAI)*x-SHI),SAN2-DA*get_sin(i));
    setcolor(WHITE);
    line(ZUO+((i%N_CAI)*x-SHI),SAN2-DA*get_il(i-1),ZUO
    +(((i+1)%N_CAI)*x-SHI),SAN2-DA*get_il(i));
    setcolor(RED);
    line(ZUO+((i%N_CAI)*x-SHI),SAN2-DA*ICK2QIAN,ZUO+(((i
    +1)%N_CAI)*x-SHI),SAN2-DA*ICK2);
```

// 将数据读入文件

```
    fprintf(f1,"%.7f\n",SINK);
    fprintf(f2,"%.7f\n",ILK);

    fprintf(f3,"%.7f\n",ICK1);
    fprintf(f4,"%.7f\n",(IPT*get_llsin(i)-IPSINK1));

    fprintf(f5,"%.7f\n",ICK2);
    fprintf(f6,"%.7f\n",(IPT*get_llsin(i)-IPSINK2));

    ICK1QIAN=ICK1;
    ICK2QIAN=ICK2;
    }
    closegraph();
    fclose(f1);
    fclose(f2);
    fclose(f3);
    fclose(f4);
    fclose(f5);
    fclose(f6);
    return 0;
}
```

// 自定义函数:获得负载电流
```
double get_il(int j)
```

```c
{
    double p;
    if(((j/(N_CAI/2))%2)==0)
    {
        p=PEAK;
    }
    else
    {
        p=-PEAK;
    }
    if(j%(N_CAI/2)==0)
    {
        p=0.0;
    }
    return p;
}
```

// 自定义函数:获得与电源电压同频同相并且幅值为 1V 的正弦信号

```c
double get_sin(int j)
{
    double p;
    p=sin(2*PAI*j/N_CAI);
    if(fabs(p)>0.8)
    {
        if(p>0)
        {
            p=0.8;
        }
        else
        {
            p=-0.8;
        }
    }
    return p;
```

```
}
```

// 自定义函数:获得与电源电压同频同相并且幅值为 1V 的正弦信号理论值
```
double get_llsin(int j)
{
    double p;
    p=sin(2 *PAI *j/N_CAI);
    return p;
}
```

// 自定义函数:求 $f_2(x) = \dfrac{1-e^{-x}}{1+e^{-x}}$
```
double f2x(double t)
{
    double p;
    p=(1-exp(-t))/(1+exp(-t));
    return p;
}
```

// 自定义函数:求 $f_2(x)$ 的导数
```
double f21x(double t)
{
    double p;
    p=(1-f2x(t) *f2x(t))/2.0;
    return p;
}
```

对应 FZBJ24.C 文件的 MATLAB 仿真源程序 FZBJ24.m 如下:
```
% 读入数据文件
load E:\111\SIN. DAT;
load E:\111\IL. DAT;
load E:\111\IC1. DAT;
load E:\111\IC2. DAT;
load E:\111\ICERR1. DAT;
load E:\111\ICERR2. DAT;
```

```matlab
% 绘制 SIN 波形
subplot(6,1,1);
plot(SIN,'k');
x1=120;
x2=320;
y1=-1.5;
y2=+1.5;
axis([x1 x2 y1 y2]);

% 绘制 IL 波形
subplot(6,1,2);
plot(IL,'k');
x1=120;
x2=320;
y1=-1.5;
y2=+1.5;
axis([x1 x2 y1 y2]);

% 绘制 IC1 波形
subplot(6,1,3);
plot(IC1,'k');
x1=120;
x2=320;
y1=-1.5;
y2=+1.5;
axis([x1 x2 y1 y2]);

% 绘制 IC2 波形
subplot(6,1,4);
plot(IC2,'k');
x1=120;
x2=320;
y1=-1.5;
y2=+1.5;
```

```
axis([x1 x2 y1 y2]);
```

% 绘制 ICERR1 波形
```
subplot(6,1,5);
plot(ICERR1,'k');
x1=120;
x2=320;
y1=-0.25;
y2=+0.25;
axis([x1 x2 y1 y2]);
```

% 绘制 ICERR2 波形
```
subplot(6,1,6);
plot(ICERR2,'k');
x1=120;
x2=320;
y1=-0.25;
y2=+0.25;
axis([x1 x2 y1 y2]);
```

　　同理,运行 FZBJ24.C 和 FZBJ24.m 文件,得到图 5-2-6。

　　将 FZBJ24.C 文件中的函数 get_sin 改为:

```
double get_sin(int j)
{
    double p;
    p=sin(2*PAI*j/N_CAI);
    if(fabs(p)>0.7)
    {
        if(p>0)
        {
            p=1.0;
        }
        else
        {
            p=-1.0;
```

```
        }
    }
    return p;
}
```

得到 FZBJ25.C 文件。运行 FZBJ25.C 和 FZBJ24.m 文件,得到图 5-2-7。

从而得到这两种算法的仿真比较波形如图 5-2-3~图 5-2-7 所示。图中,SIN 为与电源电压同频同相并且幅值为 1V 的正弦信号、IL 为负载电流,IPSIN1、IC1、ICERR1 分别为简化的神经元自适应法计算出的基波有功电流、需要补偿的谐波

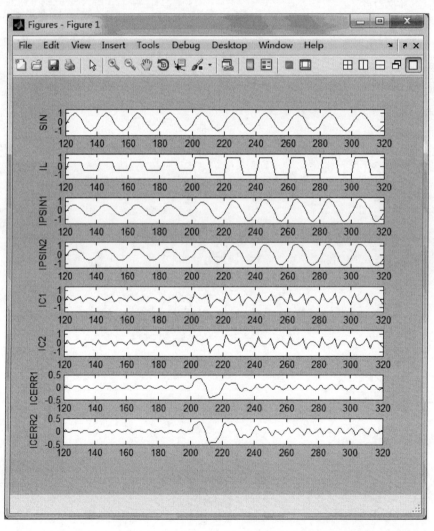

图 5-2-3　在理想条件下负载电流幅值突然增大时的仿真比较波形

与无功电流之和、误差(等于 IC1 减去理论上的谐波与无功电流之和),IPSIN2、IC2、ICERR2 分别为简化的神经网络自适应法计算出的基波有功电流、需要补偿的谐波与无功电流之和、误差(等于 IC2 减去理论上的谐波与无功电流之和)。

　　图 5-2-3 为理想条件即电源频率不变(固定的 50Hz)且电源电压无畸变时,负载电流幅值从 0.5A 突然增大为 1A 时的仿真比较波形。由图 5-2-3 可以看出:当负载电流 IL 处于稳定状态时(ICERR1 的 120～200ms 和 250～320ms 时间段,ICERR2 的120～200ms 和 260～320ms 时间段),|ICERR1| 的最大值和 | ICERR2| 的最大值无明显差别。因此,简化的神经元自适应法与简化的神经网络自适应法的稳态检测精度无明显差别。当负载电流 IL 幅值突然增大时(ICERR1 的 200～250ms 时间段,ICERR2 的 200～260ms 时间段),简化的神经元自适应法的动态响应时间(约为50ms)稍小于简化的神经网络自适应法的动态响应时间(约为 60ms)。

　　图 5-2-4 和图 5-2-5 为电源频率发生波动而电源电压无畸变时的仿真比较波

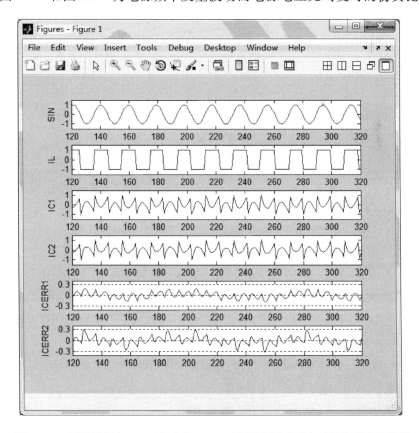

图 5-2-4　电源频率由 50Hz 波动为 52Hz 而电源电压无畸变时的仿真比较波形

形。其中,图 5-2-4 是电源频率由 50Hz 波动为 52Hz 时的仿真比较波形,图 5-2-5 是电源频率从 50Hz 波动为 48Hz 时的仿真比较波形。由图 5-2-4 和图 5-2-5 可以看出:|ICERR1|的最大值分别小于|ICERR2|的最大值。因此,当电源频率发生波动而电源电压无畸变时,简化的神经元自适应法的检测精度高于简化的神经网络自适应法的检测精度。

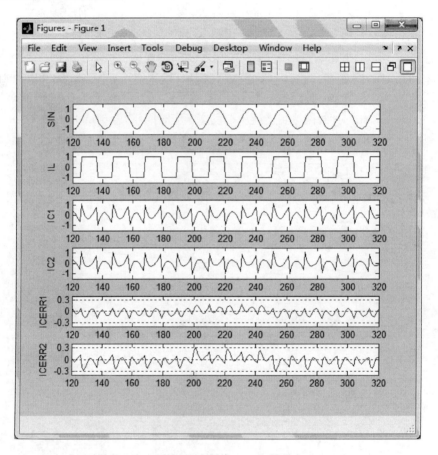

图 5-2-5　电源频率由 50Hz 波动为 48Hz 而电源电压无畸变时的仿真比较波形

图 5-2-6 和图 5-2-7 为电源频率不变而电源电压发生畸变时的仿真比较波形。由图 5-2-6 和图 5-2-7 可以看出:|ICERR1|的最大值和|ICERR2|的最大值无明显差别。因此,当电源频率不变而电源电压发生畸变时,简化的神经元自适应法和简化的神经网络自适应法的检测精度无明显差别。

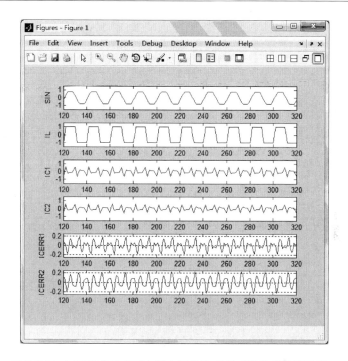

图 5-2-6　电源频率不变而电源电压发生畸变时的仿真比较波形一

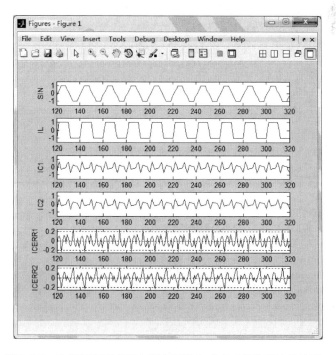

图 5-2-7　电源频率不变而电源电压发生畸变时的仿真比较波形二

5.3 直接计算法和单相电路瞬时功率法的仿真比较

本节介绍直接计算法和单相电路瞬时功率法的仿真比较,内容包括 C 语言仿真比较源程序、MATLAB 仿真比较模型和仿真比较波形。

5.3.1 直接计算法的 MATLAB 仿真模型

由直接计算法可知:当负载电流 $i_L(t)$ 在一个周期内的采样个数 N 越大时,其计算精度越高。当 $N \to \infty$ 时,$\sum_{i=1}^{\infty}[i_L(i)\sin(iw)] = \int_{t-T}^{t} i_L(t)\sin(\omega t)\mathrm{d}t$,$\sum_{i=1}^{\infty}\sin^2(iw)$ $= \int_{t-T}^{t}\sin^2(\omega t)\mathrm{d}t$。因此,根据式(4-3-2)可得

$$I_p = \frac{\int_{t-T}^{t} i_L(t)\sin(\omega t)\mathrm{d}t}{\int_{t-T}^{t}\sin^2(\omega t)\mathrm{d}t}$$

$$= \frac{\int_{t-T/2}^{t} i_L(t)\sin(\omega t)\mathrm{d}t}{\int_{t-T/2}^{t}\sin^2(\omega t)\mathrm{d}t} \quad [i_L(t) \text{ 上下半波对称}] \qquad (5\text{-}3\text{-}1)$$

根据式(5-3-1),可得到直接计算法的谐波与无功电流检测框图如图 5-3-1 所示。其中,i_L 为负载电流、$u_s[=\sin(\omega t)]$ 为幅值为 1V 的电源电压,I_p、$i_p[=I_p \cdot \sin(\omega t)]$、$i_c(=i_L-i_p)$ 分别为该方法计算出的基波有功电流幅值、基波有功电流、需要补偿的谐波与无功电流之和。为了提高跟踪速度,选择积分器在半个周期内积分。

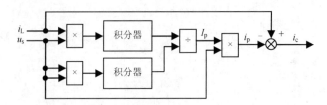

图 5-3-1 直接计算法的谐波与无功电流检测框图

根据图 5-3-1,可建立直接计算法的 MATLAB 仿真模型 ZJJSF. mdl 文件[8],如图 5-3-2 所示。

图的左方产生所需的信号。文件 SIN. mat、IL. mat、ICT. mat 对应的"从文件读取信号模块"分别产生与电源电压同频同相并且幅值为 1V 的正弦信号 SIN、负

载电流 IL、理论上的谐波与无功电流之和 ICT。它们的波形由这些文件中的数据决定,根据需要改变某一文件中的数据,则可以改变其对应信号的波形,这样可以方便地对各种不同情况进行仿真。

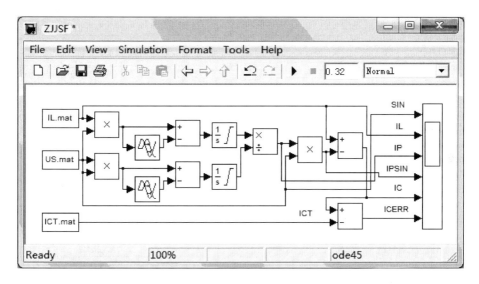

图 5-3-2　直接计算法的 MATLAB 仿真模型

图的中间为直接计算法的 MATLAB 仿真模型。其中,图 5-3-1 中的积分器由 1 个"传输延迟模块"、1 个"减法模块"和 1 个"积分模块"来实现。"传输延迟模块"的延时为半个周期即 0.01s。

图的右方为显示部分。IP、IPSIN、IC、ICERR 分别为该方法计算出的基波有功电流幅值、基波有功电流、需要补偿的谐波与无功电流之和、误差(＝IC－ICT)。信号 SIN、IL、IP、IPSIN、IC 和 ICERR 被送入"示波器模块(Scope)",这样可以在"Scope"中方便地观察和比较得到的仿真比较波形。

5.3.2　MATLAB 仿真比较模型

根据 5.3.1 节直接计算法的 MATLAB 仿真模型和 4.7.2 节单相电路瞬时功率法的 MATLAB 仿真模型,可建立对这两种检测方法的检测性能进行比较的 MATLAB 仿真比较模型 FZBJ3.mdl 文件,如图 5-3-3 所示。

在图 5-3-3 中,文件 SIN.mat、IL.mat、ICT.mat 对应的"从文件读取信号模块"分别产生与电源电压同频同相并且幅值为 1V 的正弦信号 SIN、负载电流 IL、理论上的谐波与无功电流之和 ICT。它们的波形由这些文件中的数据决定,根据需要改变某一文件中的数据,则可以改变相应信号的波形,这样可以方便地对各种不同情况进行仿真。

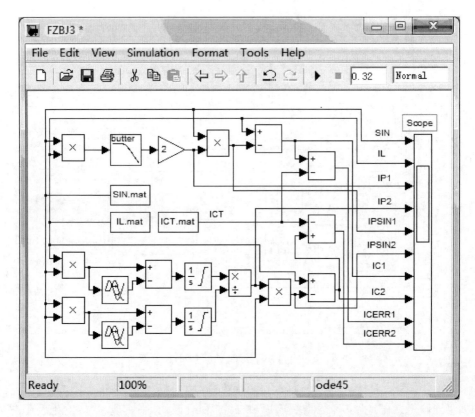

图 5-3-3　直接计算法和单相电路瞬时功率法的 MATLAB 仿真比较模型

　　图上方为单相电路瞬时功率法的 MATLAB 仿真模型,根据 4.7.2 节,其中的 LPF 为截止频率 $f_c = 15\text{Hz}$ 的二阶 Butterworth LPF。图下方为直接计算法的 MATLAB 仿真模型。IP1、IPSIN1、IC1、ICERR1 分别为单相电路瞬时功率法检测出的基波有功电流幅值、基波有功电流、需要补偿的谐波与无功电流之和、误差 ($=$IC1$-$ICT),IP2、IPSIN2、IC2、ICERR2 分别为直接计算法计算出的基波有功电流幅值、基波有功电流、需要补偿的谐波与无功电流之和、误差($=$IC2$-$ICT)。

　　SIN、IL、IP1、IP2、IPSIN1、IPSIN2、IC1、IC2、ICERR1 和 ICERR2 被送入"示波器模块(Scope)",这样可以在"Scope"中方便地观察和比较这两种检测方法的仿真比较波形。

5.3.3　仿真比较

　　设计的 C 语言仿真源程序文件 FZBJ35.C 如下:

// 文件包含

```
#include<math.h>
```

```
#include<graphics.h>
#include<conio.h>
#include<alloc.h>
#include<ctype.h>
#include<dos.h>
#include<stdlib.h>
#include<string.h>
#include<bios.h>
#include<stdio.h>
#include<time.h>
#include<fcntl.h>
#include<io.h>
#include<process.h>
#include<conio.h>
#include<dos.h>
#include<graphics.h>


// 宏定义
#define      DA          40

#define      PAI         3.14159265

#define      N_CAI       500
#define      ZONG_CAI    24.0*N_CAI
#define      VARY        12.0*N_CAI

#define      P1          1
#define      P2          2

#define      IPT1        4.0/PAI
#define      IPT2        8.0/PAI

#define      SHI         1
#define      SAN         240
```

```
#define     ZUO         55

// 自定义函数原型
float get_il(int j);
float get_sin(int j);

// 定义文件型指针
FILE *f1, *f2, *f3;

// 定义全局变量
int i;

float IPT;
float ICT,ICTqian;

main()
{
    int j;

    int gdriver=DETECT,gmode;

    initgraph(&gdriver,&gmode,"");

    if((f1=fopen("SIN.dat","w+"))==NULL)
    {
        printf("can't open file\n");
        exit(1);
    }
    if((f2=fopen("IL.dat","w+"))==NULL)
    {
        printf("can't open file\n");
        exit(1);
    }
    if((f3=fopen("ICT.dat","w+"))==NULL)
    {
```

```
        printf("can't open file\n");
        exit(1);
    }

    for(i=0;i<ZONG_CAI;i++)
    {
        if(i%N_CAI==0)
        {
            if(i!=0)
            {
                getch();
                cleardevice();
            }
        }

        if(i<VARY)
        {
            IPT=IPT1;
        }
        else
        {
            IPT=IPT2;
        }

        ICT=get_il(i)-IPT*get_sin(i);

        setcolor(BLUE);
        line(ZUO+(i%N_CAI+1-SHI),SAN,ZUO+(i%N_CAI+2-SHI),
        SAN);
```

// 绘制与电源电压同频同相并且幅值为 1V 的正弦信号波形

```
        setcolor(RED);
        line(ZUO+(i%N_CAI+1-SHI),SAN-DA*get_sin(i-1),ZUO+(i%
        N_CAI+2-SHI),SAN-DA*get_sin(i));
```

```
// 绘制负载电流波形
        setcolor(WHITE);
        line(ZUO+(i%N_CAI+1-SHI),SAN-DA *get_il(i-1),ZUO+(i%N
        _CAI+2-SHI),SAN-DA *get_il(i));
```

```
// 绘制谐波与无功电流之和理论值的波形
        setcolor(GREEN);
        line(ZUO+(i%N_CAI+1-SHI),SAN-DA *ICTqian,ZUO+(i%N_CAI
        +2-SHI),SAN-DA *ICT);
```

```
// 将数据读入文件
        fprintf(f1,"%.7f\n",get_sin(i));
        fprintf(f2,"%.7f\n",get_il(i));
        fprintf(f3,"%.7f\n",ICT);

        ICTqian=ICT;
    }
    closegraph();
    fclose(f1);
    fclose(f2);
    fclose(f3);

    return 0;
}
```

```
// 自定义函数:获得与电源电压同频同相并且幅值为 1V 的正弦信号
float get_sin(int j)
{
    float p;

    p=sin(2 *PAI *j/N_CAI);
    return p;
}
```

```
// 自定义函数:获得负载电流
```

```
float get_il(int j)
{
    float p;

    if(j<VARY)
    {
        if(((j/(N_CAI/2))%2)==0)
        {
            p=P1;
        }
        else
        {
            p=-P1;
        }
    }
    else
    {
        if(((j/(N_CAI/2))%2)==0)
        {
            p=P2;
        }
        else
        {
            p=-P2;
        }
    }
    return p;
}
```

运行 FZBJ35.C 文件,得到 SIN.dat、IL.dat 和 ICT.dat 数据文件。进入 MATLAB 命令窗口,通过以下步骤可由 SIN.dat 文件得到 SIN.mat 文件:

(1) 键入 load SIN.dat 按回车。

(2) 键入 SIN 按回车,将显示 SIN 的列矩阵。

(3) 键入 SIN=SIN' 按回车,将显示 SIN 的行矩阵。

(4) 键入 time = linspace(0.00004, 0.48, 12000) 按回车,将得到一个以 0.00004 为首项,逐次递增 0.00004 的时间行矩阵。其中,负载电流频率为 50Hz,

则其周期为 0.02s。0.02 除以一个周期内的采样个数 500 得到 0.00004。12000 为总的采样个数,12000 乘以 0.00004 得到 0.48。

(5) 键入 lzc＝[time;SIN]按回车,将得到一个两行的矩阵,其中第一行为采样时间,第二行为与采样时间对应的采样数据。

(6) 键入 save SIN. mat lzc 按回车,将得到 SIN. mat 文件。

同理,由 IL. dat 可得到 IL. mat 文件,由 ICT. dat 可得到 ICT. mat 文件。使用 FZBJ3. mdl 文件,得到图 5-3-5。

将 FZBJ35. C 文件中的定义"♯define P2 2"改为"♯define P2 1","♯define IPT2 8.0/PAI"改为"♯define IPT2 4.0/PAI",则得到 FZBJ34. C 文件。运行 FZBJ34. C 文件,得到 SIN. dat、IL. dat 和 ICT. dat 数据文件。同理,由 SIN. dat、IL. dat 和 ICT. dat 文件可分别得到 SIN. mat、IL. mat 和 ICT. mat 文件。使用 FZBJ3. mdl 文件仿真,得到图 5-3-4。

运行 FZBJ34. C 文件,得到 SIN. dat、IL. dat 和 ICT. dat 数据文件。

进入 MATLAB 命令窗口,通过以下步骤可由 SIN. dat 文件得到 SIN. mat 文件:

(1) 键入 load SIN. dat 按回车。

(2) 键入 SIN 按回车,将显示 SIN 的列矩阵。

(3) 键入 SIN＝SIN′按回车,将显示 SIN 的行矩阵。

(4) 键入 time＝linspace(0.0000384615,0.461538,12000)按回车,将得到一个以 0.0000384615 为首项,逐次递增 0.0000384615 的时间行矩阵。其中,负载电流频率为 52Hz,则其周期为 0.01923s。0.01923 除以一个周期内的采样个数 500 得到 0.0000384615。12000 为总的采样个数,12000 乘以 0.0000384615 得到 0.461538。

(5) 键入 lzc＝[time;SIN]按回车,将得到一个两行的矩阵,其中第一行为采样时间,第二行为与采样时间对应的采样数据。

(6) 键入 save SIN. mat lzc 按回车,将得到 SIN. mat 文件。

同理,由 IL. dat 可得到 IL. mat 文件,由 ICT. dat 可得到 ICT. mat 文件。使用 FZBJ34. mdl 文件仿真,得到图 5-3-6。

运行 FZBJ34. C 文件,得到 SIN. dat、IL. dat 和 ICT. dat 数据文件。

进入 MATLAB 命令窗口,通过以下步骤可由 SIN. dat 文件得到 SIN. mat 文件:

(1) 键入 load SIN. dat 按回车。

(2) 键入 SIN 按回车,将显示 SIN 的列矩阵。

(3) 键入 SIN＝SIN′按回车,将显示 SIN 的行矩阵。

(4) 键入 time＝linspace(0.0000416667,0.5000004,12000)按回车,将得到一个以 0.0000416667 为首项,逐次递增 0.0000416667 的时间行矩阵。其中,负载电

流频率为 48Hz,则其周期为 0.0208333s。0.0208333 除以一个周期内的采样个数 500 得到 0.0000416667。12000 为总的采样个数,12000 乘以 0.0000416667 得到 0.5000004。

(5) 键入 lzc=[time;SIN]按回车,将得到一个两行的矩阵,其中第一行为采样时间,第二行为与采样时间对应的采样数据。

(6) 键入 save SIN. mat lzc 按回车,将得到文件 SIN. mat。

同理,由 IL. dat 可得到 IL. mat 文件,由 ICT. dat 可得到 ICT. mat 文件。使用 FZBJ3. mdl 文件,得到图 5-3-7。

C 语言仿真源程序文件 FZBJ38. C 如下:

```c
// 文件包含
#include<math. h>
#include<graphics. h>
#include<conio. h>
#include<alloc. h>
#include<ctype. h>
#include<dos. h>
#include<stdlib. h>
#include<string. h>
#include<bios. h>
#include<stdio. h>
#include<time. h>
#include<fcntl. h>
#include<io. h>
#include<process. h>
#include<conio. h>
#include<dos. h>
#include<graphics. h>

// 宏定义
#define    DA       40

#define    PAI      3. 14159265

#define    N_CAI    500
```

```
#define    ZONG_CAI    24.0*N_CAI
#define    VARY        12.0*N_CAI

#define    PEAK        1

#define    IPT         4.0/PAI

#define    SHI         1
#define    SAN         240
#define    ZUO         55
```

```
// 自定义函数原型
float get_il(int j);
float get_sin(int j);
float get_llsin(int j);
```

```
// 定义文件型指针
FILE *f1, *f2, *f3;
```

```
// 定义全局变量
int i;

float ICT,ICTqian;

main()
{
    int j;

    int gdriver=DETECT,gmode;

    initgraph(&gdriver,&gmode,"");

    if((f1=fopen("SIN.dat","w+"))==NULL)
    {
        printf("can't open file\n");
```

```
        exit(1);
    }
    if((f2=fopen("IL.dat","w+"))==NULL)
    {
        printf("can't open file\n");
        exit(1);
    }
    if((f3=fopen("ICT.dat","w+"))==NULL)
    {
        printf("can't open file\n");
        exit(1);
    }


    for(i=0;i<ZONG_CAI;i++)
    {
        if(i%N_CAI==0)
        {
            if(i!=0)
            {
                getch();
                cleardevice();
            }
        }

        ICT=get_il(i)-IPT*get_llsin(i);

        setcolor(BLUE);
        line(ZUO+(i%N_CAI+1-SHI),SAN,ZUO+(i%N_CAI+2-SHI),
        SAN);
```

// 绘制与电源电压同频同相并且幅值为 1V 的正弦信号波形

```
        setcolor(RED);
        line(ZUO+(i%N_CAI+1-SHI),SAN-DA*get_sin(i-1),ZUO+(i%
        N_CAI+2-SHI),SAN-DA*get_sin(i));
```

// 绘制负载电流波形

```
        setcolor(WHITE);
        line(ZUO+(i%N_CAI+1-SHI),SAN-DA *get_il(i-1),ZUO+(i%N
        _CAI+2-SHI),SAN-DA *get_il(i));
```

// 绘制谐波与无功电流之和理论值的波形

```
        setcolor(GREEN);
        line(ZUO+(i%N_CAI+1-SHI),SAN-DA *ICTqian,ZUO+(i%N_CAI
        +2-SHI),SAN-DA *ICT);
```

// 将数据读入文件

```
        fprintf(f1,"%.7f\n",get_sin(i));
        fprintf(f2,"%.7f\n",get_il(i));
        fprintf(f3,"%.7f\n",ICT);

        ICTqian=ICT;
    }
    closegraph();
    fclose(f1);
    fclose(f2);
    fclose(f3);

    return 0;
}
```

// 自定义函数:获得与电源电压同频同相并且幅值为 1V 的正弦信号

```
float get_sin(int j)
{
    float p;
    p=sin(2 *PAI *j/N_CAI);
    if(fabs(p)>0.7)
    {
        if(p>0)
        {
            p=0.7;
```

```
        }
        else
        {
            p=-0.7;
        }
    }
    return p;
}
```

// 自定义函数:获得与电源电压同频同相并且幅值为 1V 的正弦信号理论值
```
float get_llsin(int j)
{
    float p;

    p=sin(2*PAI*j/N_CAI);
    return p;
}
```

// 自定义函数:获得负载电流
```
float get_il(int j)
{
    float p;

    if(((j/(N_CAI/2))%2)==0)
    {
        p=PEAK;
    }
    else
    {
        p=-PEAK;
    }
    return p;
}
```

运行 FZBJ38. C 文件,得到 SIN. dat、IL. dat 和 ICT. dat 数据文件。同理,由这些数据文件可分别得到频率为 50Hz、52Hz 和 48Hz 对应的 SIN. mat、IL. mat

和 ICT. mat 文件。使用 FZBJ3. mdl 文件仿真，可分别得到图 5-3-8、图 5-3-11 和图 5-3-13。

　　将 FZBJ38. C 文件中的函数 get_sin 改为：

```
float get_sin(int j)
{
    float p;
    p=sin(2*PAI*j/N_CAI);
    if(fabs(p)>0.7)
    {
        if(p>0)
        {
            p=1.0;
        }
        else
        {
            p=-1.0;
        }
    }
    return p;
}
```

　　得到 FZBJ39. C 文件。运行 FZBJ39. C 文件，得到 SIN. dat、IL. dat 和 ICT. dat 数据文件。同理，由这些数据文件可分别得到频率为 50Hz、52Hz 和 48Hz 对应的 SIN. mat、IL. mat 和 ICT. mat 文件。使用 FZBJ3. mdl 文件仿真，可分别得到图 5-3-9、图 5-3-10 和图 5-3-12。

　　从而得到这两种方法的仿真比较波形如图 5-3-4～图 5-3-13 所示。图中，SIN 为与电源电压同频同相并且幅值为 1V 的正弦信号、IL 为负载电流，IP1、IPSIN1、IC1、ICERR1 分别为单相电路瞬时功率法检测出的基波有功电流幅值、基波有功电流、谐波与无功电流之和、误差(＝IC1－ICT)，IP2、IPSIN2、IC2、ICERR2 分别为直接计算法检测出的基波有功电流幅值、基波有功电流、谐波与无功电流之和、误差(＝IC2－ICT)。

　　图 5-3-4 和图 5-3-5 为理想条件即电源频率不变(固定的 50Hz)并且电源电压无畸变时的仿真比较波形，其中，图 5-3-4 为负载电流处于稳定状态时的仿真比较波形，图 5-3-5 为负载电流幅值由 1A 突然增大为 2A 时的仿真比较波形。由图 5-3-4 可以看出：当负载电流 IL 处于稳定状态时，|ICERR2| 的最大值明显地小于|ICERR1| 的最大值。因此，直接计算法的稳态检测精度明显地高于单相电路

瞬时功率法的稳态检测精度。由图 5-3-5 可以看出：当负载电流 IL 幅值突然增大时(0.24s 时刻)，直接计算法的动态响应时间(0.5 个周期)明显地小于单相电路瞬时功率法的动态响应时间(约为 1.5 个周期)。

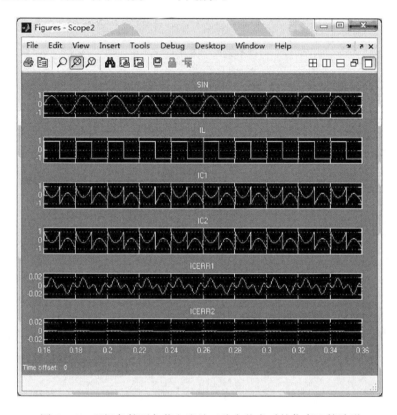

图 5-3-4　理想条件下负载电流处于稳定状态时的仿真比较波形

图 5-3-6 和图 5-3-7 为电源频率发生波动而电源电压无畸变时的仿真比较波形。其中，图 5-3-6 是电源频率由 50Hz 波动为 52Hz 时的仿真比较波形，图 5-3-7 是电源频率由 50Hz 波动为 48Hz 时的仿真比较波形。由图 5-3-6 和图 5-3-7 可以看出：|ICERR2|的最大值分别稍大于|ICERR1|的最大值。因此，当电源频率发生波动而电源电压无畸变时，直接计算法的检测精度稍低于单相电路瞬时功率法的检测精度。

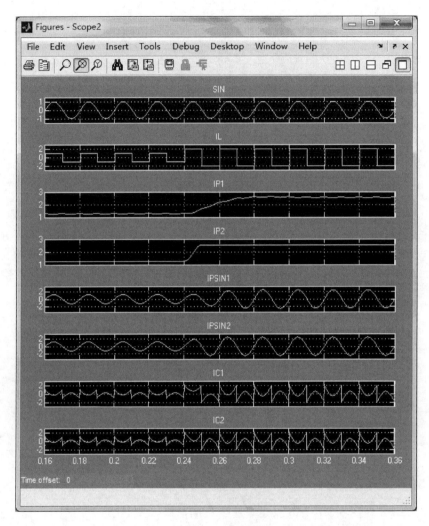

图 5-3-5　理想条件下负载电流幅值突然增大时的仿真比较波形

图 5-3-8 和图 5-3-9 为电源频率不变而电源电压发生畸变时的仿真比较波形。由图 5-3-8 和图 5-3-9 可以看出：|ICERR2|的最大值分别明显地小于|ICERR1|的最大值。因此,当电源频率不变而电源电压发生畸变时,直接计算法的检测精度明显地高于单相电路瞬时功率法的检测精度。

图 5-3-10～图 5-3-13 为在实际应用即电源频率发生波动并且电源电压发生畸变时的仿真比较波形。其中,图 5-3-10 和图 5-3-11 是电源频率由 50Hz 波动为 52Hz 时的仿真比较波形,图 5-3-12 和图 5-3-13 是电源频率由 50Hz 波动为 48Hz 时的仿真比较波形。由图 5-3-10～图 5-3-13 可以看出：|ICERR2|的最大值分别明显地小于|ICERR1|的最大值。因此,在实际应用即电源频率发生波动并且电

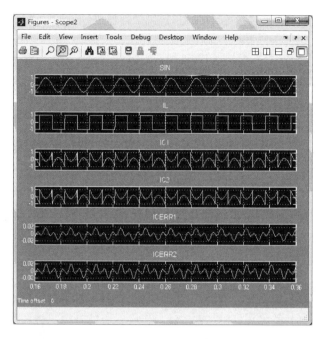

图 5-3-6　电源频率由 50Hz 波动为 52Hz 而电源电压无畸变时的仿真比较波形

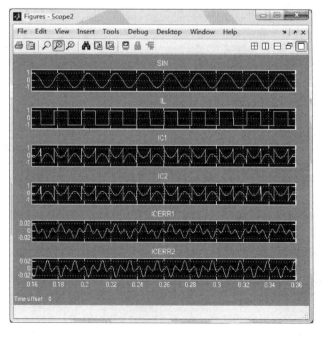

图 5-3-7　电源频率由 50Hz 波动为 48Hz 而电源电压无畸变时的仿真比较波形

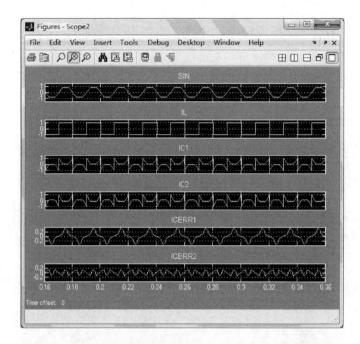

图 5-3-8　电源频率不变而电源电压发生畸变时的仿真比较波形一

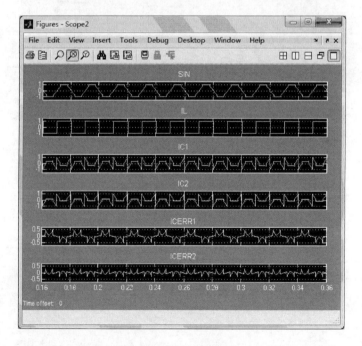

图 5-3-9　电源频率不变而电源电压发生畸变时的仿真比较波形二

源电压发生畸变时,直接计算法的检测精度明显地高于单相电路瞬时功率法的检测精度。

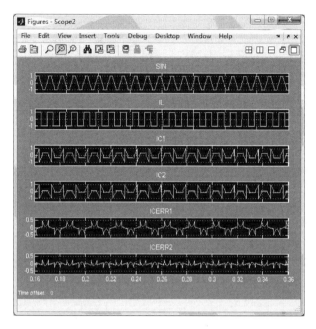

图 5-3-10 电源频率由 50Hz 波动为 52Hz 并且电源电压发生畸变时的仿真比较波形一

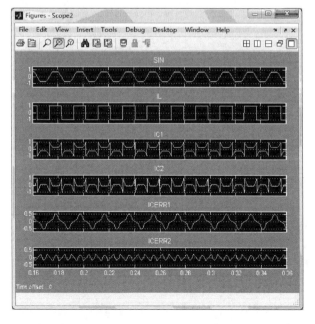

图 5-3-11 电源频率由 50Hz 波动为 52Hz 并且电源电压发生畸变时的仿真比较波形二

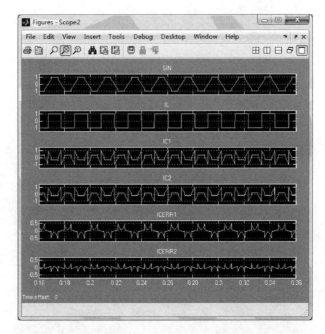

图 5-3-12　电源频率由 50Hz 波动为 48Hz 并且电源电压发生畸变时的仿真比较波形一

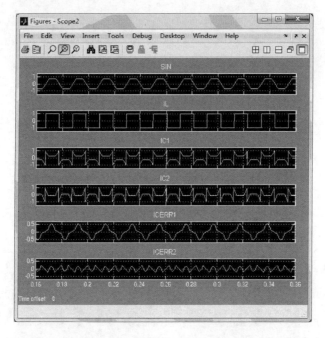

图 5-3-13　电源频率由 50Hz 波动为 48Hz 并且电源电压发生畸变时的仿真比较波形二

5.4　直接计算法和硬件电路自适应法的仿真比较

本节介绍直接计算法和硬件电路自适应法的仿真比较,内容包括 MATLAB 仿真比较模型和仿真比较波形。

5.4.1　MATLAB 仿真比较模型

根据 5.3.1 节直接计算法的 MATLAB 仿真模型和 4.8.2 节硬件电路自适应法的 MATLAB 仿真模型,可建立对这两种检测方法的检测性能进行比较的 MATLAB 仿真比较模型 FZBJ4. mdl 文件,如图 5-4-1 所示。

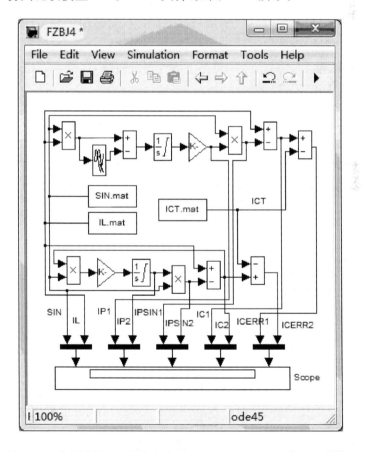

图 5-4-1　直接计算法和硬件电路自适应法的 MATLAB 仿真比较模型

在图 5-4-1 中,文件 SIN. mat、IL. mat、ICT. mat 对应的"从文件读取信号模块"分别产生与电源电压同频同相并且幅值为 1V 的正弦信号 SIN、负载电流 IL、理论上的谐波与无功电流之和 ICT。它们的波形由这些文件中的数据决定,根据需要改变某一文件中的数据,则可以改变相应信号的波形,这样可以方便地对各种不同情况进行仿真。

图上方为直接计算法的 MATLAB 仿真模型。图下方为硬件电路自适应法的 MATLAB 仿真模型,其中,"Gain"模块的积分增益 G 设置为 200(较为合适)。IP1、IPSIN1、IC1、ICERR1 分别为直接计算法计算出的基波有功电流幅值、基波有功电流、需要补偿的谐波与无功电流之和、误差($=$IC1$-$ICT),IP2、IPSIN2、IC2、ICERR2 分别为硬件电路自适应法检测出的基波有功电流幅值、基波有功电流、需要补偿的谐波与无功电流之和、误差($=$IC2$-$ICT)。

SIN、IL、IP1、IP2、IPSIN1、IPSIN2、IC1、IC2、ICERR1 和 ICERR2 被送入"示波器模块(Scope)",这样可以在"Scope"中方便地观察和比较这两种检测方法的仿真比较波形。

5.4.2　仿真比较

根据 5.3.3 节,可得到供 FZBJ.4mdl 文件使用的 SIN.mat、IL.mat 和 ICT.mat 文件。使用 FZBJ.4mdl 文件仿真,得到的仿真比较波形如图 5-4-2~图 5-4-11所示。

图 5-4-2 和图 5-4-3 为理想条件即电源频率不变(固定的 50Hz)并且电源电压无畸变时的仿真比较波形。其中,图 5-4-2 为负载电流处于稳定状态时的仿真比较波形,图 5-4-3 为负载电流幅值由 1A 突然增大为 2A 时的仿真比较波形。由图 5-4-2可以看出:当负载电流 IL 处于稳定状态时,直接计算法的检测精度(ICERR1 约等于 0)明显地高于硬件电路自适应法的检测精度(ICERR2 不等于 0,并且明显地存在误差)。由图 5-4-3 可以看出:当负载电流 IL 突然增大时,直接计算法的动态响应时间(0.5 个周期)明显地小于硬件电路自适应法的动态响应时间(约为 1.5 个周期)。

图 5-4-4 和图 5-4-5 为电源频率发生波动而电源电压无畸变时的仿真比较波形。其中,图 5-4-4 是电源频率由 50Hz 波动为 52Hz 时的仿真比较波形,图 5-4-5 是电源频率由 50Hz 波动为 48Hz 时的仿真比较波形。由图 5-4-4 和图 5-4-5 可以看出:|ICERR1|的最大值分别明显地小于|ICERR2|的最大值。因此,在电源频率发生波动而电源电压无畸变时,直接计算法的检测精度明显地高于硬件电路自适应法的检测精度。

图 5-4-6 和图 5-4-7 为电源频率不变而电源电压发生畸变时的仿真比较波形。由图 5-4-6 和图 5-4-7 可以看出:|ICERR1|的最大值分别明显地大于|ICERR2|的最大值。因此,在电源频率不变而电源电压发生畸变时,直接计算法的检测精度明显地低于硬件电路自适应法的检测精度。

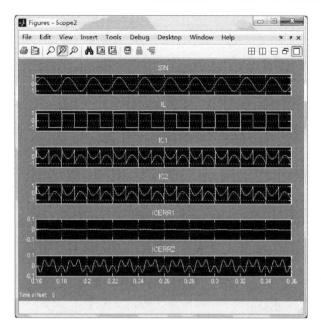

图 5-4-2　理想条件下负载电流处于稳定状态时的仿真比较波形

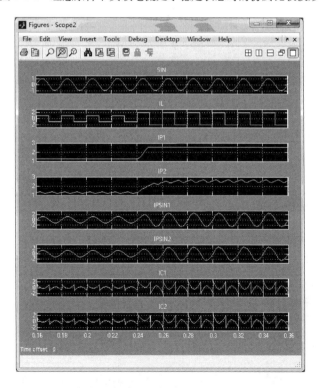

图 5-4-3　理想条件下负载电流幅值突然增大时的仿真比较波形

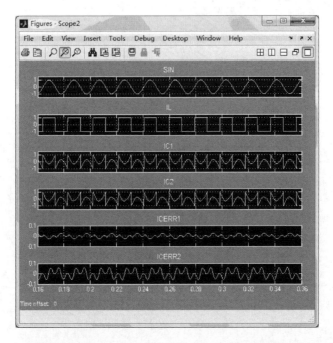

图 5-4-4　电源频率由 50Hz 波动为 52Hz 而电源电压无畸变时的仿真比较波形

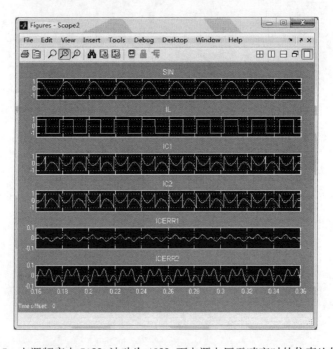

图 5-4-5　电源频率由 50Hz 波动为 48Hz 而电源电压无畸变时的仿真比较波形

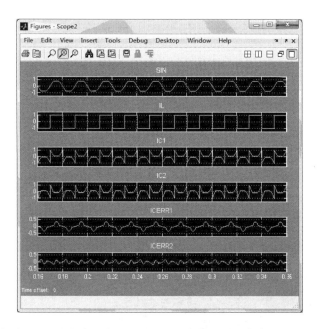

图 5-4-6　电源频率不变而电源电压发生畸变时的仿真比较波形一

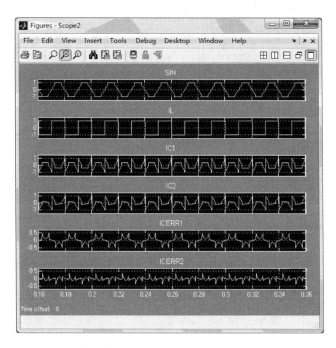

图 5-4-7　电源频率不变而电源电压发生畸变时的仿真比较波形二

　　图 5-4-8～图 5-4-11 为在实际应用即电源频率发生波动并且电源电压发生畸变时的仿真比较波形。其中，图 5-4-8 和图 5-4-9 是电源频率由 50 Hz 波动为 52 Hz 时的仿真比较波形，图 5-4-10 和图 5-4-11 是电源频率由 50 Hz 波动为 48 Hz 时的仿真比较波形。由图 5-4-8～图 5-4-11 可以看出：|ICERR1| 的最大值分别明显地大于 |ICERR2| 的最大值。因此，在实际应用即电源频率发生波动并且电源电压发生畸变时，直接计算法的检测精度明显地低于硬件电路自适应法的检测精度。

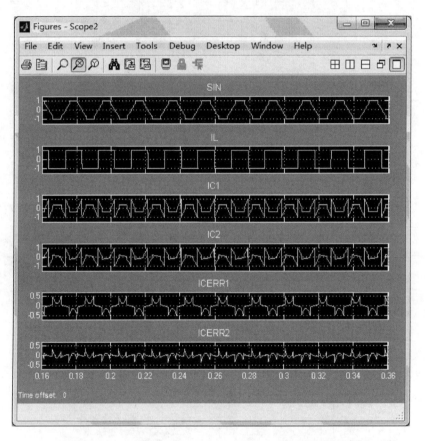

图 5-4-8　电源频率由 50 Hz 波动为 52 Hz 并且电源电压发生畸变时的仿真比较波形一

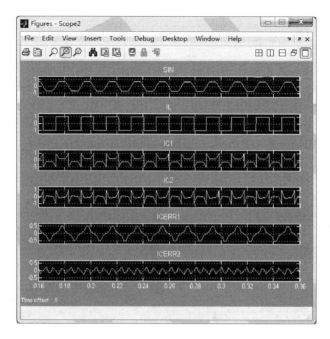

图 5-4-9　电源频率由 50Hz 波动为 52Hz 并且电源电压发生畸变时的仿真比较波形二

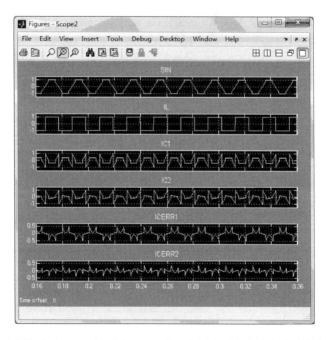

图 5-4-10　电源频率由 50Hz 波动为 48Hz 并且电源电压发生畸变时的仿真比较波形一

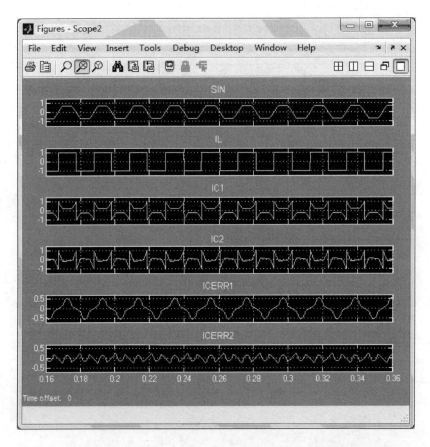

图5-4-11　电源频率由50Hz波动为48Hz并且电源电压发生畸变时的仿真比较波形二

5.5　直接计算法和参考方法的仿真比较

本节介绍直接计算法和参考方法的仿真比较,内容包括 MATLAB 仿真比较模型和仿真比较波形。

5.5.1　MATLAB 仿真比较模型

根据 5.3.1 节直接计算法的 MATLAB 仿真模型和 4.11.2 节参考方法的 MATLAB 仿真模型,可建立对这两种检测方法的检测性能进行比较的 MATLAB 仿真比较模型 FZBJ5. mdl 文件,如图 5-5-1 所示。

在图 5-5-1 中,文件 SIN. mat、IL. mat、ICT. mat 对应的"从文件读取信号模块"分别产生与电源电压同频同相并且幅值为 1V 的正弦信号 SIN、负载电流 IL、

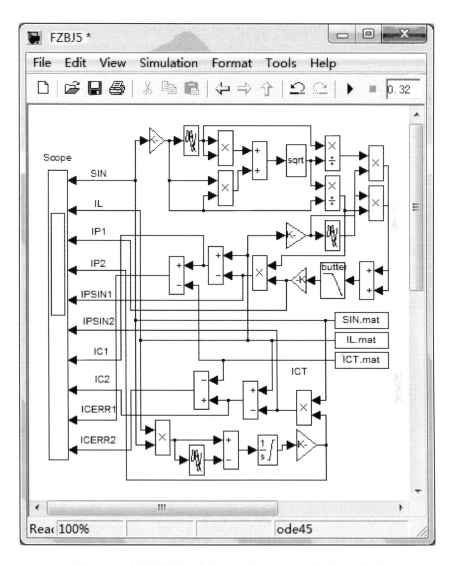

图 5-5-1　直接计算法和参考方法的 MATLAB 仿真比较模型

理论上的谐波与无功电流之和 ICT。它们的波形由这些文件中的数据决定,根据需要改变某一文件中的数据,则可以改变相应信号的波形,这样可以方便地对各种不同情况进行仿真。

　　图上方为参考方法的 MATLAB 仿真模型,根据 4.11.2 节,模型中的 LPF 为截止频率 $f_c = 20\text{Hz}$ 的二阶 Butterworth LPF。图下方为直接计算法的 MATLAB 仿真模型。IP1、IPSIN1、IC1、ICERR1 分别为参考方法检测出的基波有功电流幅值、基波有功电流、需要补偿的谐波与无功电流之和、误差(=IC1-ICT),IP2、IP-

SIN2、IC2、ICERR2 分别为直接计算法计算出的基波有功电流幅值、基波有功电流、需要补偿的谐波与无功电流之和、误差（＝IC2－ICT）。

SIN、IL、IP1、IP2、IPSIN1、IPSIN2、IC1、IC2、ICERR1 和 ICERR2 被送入"示波器模块（Scope）"，这样可以在"Scope"中方便地观察和比较这两种检测方法的仿真比较波形。

5.5.2 仿真比较

根据 5.3.3 节，可得到 SIN. mat、IL. mat 和 ICT. mat 数据文件。这些文件供 FZBJ5. mdl 使用。使用 FZBJ5. mdl 文件仿真，得到的仿真比较波形如图 5-5-2～图 5-5-11 所示。

图 5-5-2 和图 5-5-3 为理想条件即电源频率不变（固定的 50Hz）并且电源电压无畸变时的仿真比较波形。其中，图 5-5-2 为负载电流处于稳定状态时的仿真比较波形，图 5-5-3 为负载电流幅值由 1A 突然增大为 2A 时的仿真比较波形。由

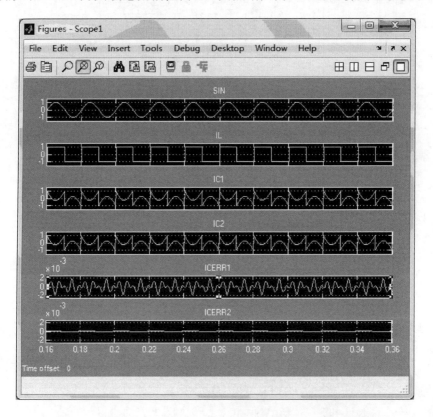

图 5-5-2 理想条件下负载电流处于稳定状态时的仿真比较波形

图 5-5-2 可以看出：当负载电流 IL 处于稳定状态时，|ICERR2| 的最大值明显地小于 |ICERR1| 的最大值。因此，直接计算法的检测精度明显地高于参考方法的检测精度。由图 5-5-3 可以看出：当负载电流 IL 幅值突然增大时（0.24s 时刻），直接计算法的动态响应时间（0.5 个周期）明显地小于参考方法的动态响应时间（约为 1.5 个周期）。

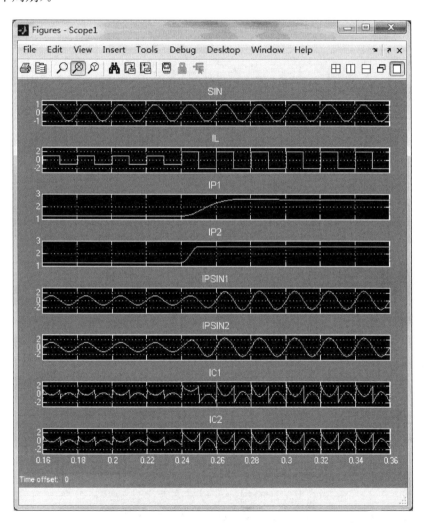

图 5-5-3　理想条件下负载电流幅值突然增大时的仿真比较波形

　　图 5-5-4 和图 5-5-5 为电源频率发生波动而电源电压无畸变时的仿真比较波形。其中，图 5-5-4 是电源频率由 50Hz 波动为 52Hz 时的仿真比较波形，图 5-5-5 是电源频率由 50Hz 波动为 48Hz 时的仿真比较波形。由图 5-5-4 和图 5-5-5 可以

看出：|ICERR2|的最大值分别明显地小于|ICERR1|的最大值。因此,在电源频率发生波动而电源电压无畸变时,直接计算法的检测精度明显地高于参考方法的检测精度。

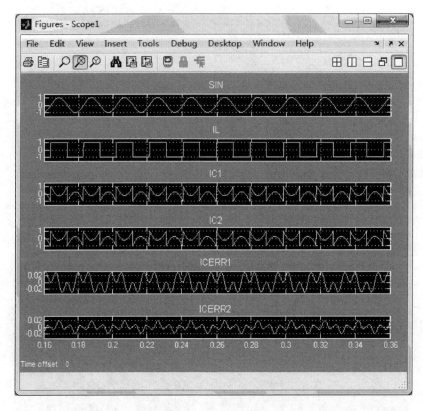

图 5-5-4　电源频率由 50Hz 波动为 52Hz 而电源电压无畸变时的仿真比较波形

　　图 5-5-6 和图 5-5-7 为电源频率不变而电源电压发生畸变时的仿真比较波形。由图 5-5-6 和图 5-5-7 可以看出：|ICERR2|的最大值分别明显地大于|ICERR1|的最大值。因此,在电源频率不变而电源电压发生畸变时,直接计算法的检测精度明显地低于参考方法的检测精度。

　　图 5-5-8～图 5-5-11 为实际应用即电源频率发生波动并且电源电压发生畸变时的仿真比较波形。其中,图 5-5-8 和图 5-5-9 是电源频率由 50Hz 波动为 52Hz 时的仿真比较波形,图 5-5-10 和图 5-5-11 是电源频率由 50Hz 波动为 48Hz 时的仿真比较波形。由图 5-5-8～图 5-5-11 可以看出：|ICERR2|的最大值分别明显地大于|ICERR1|的最大值。因此,在实际应用即电源频率发生波动并且电源电压发生畸变时,直接计算法的检测精度明显地低于参考方法的检测精度。

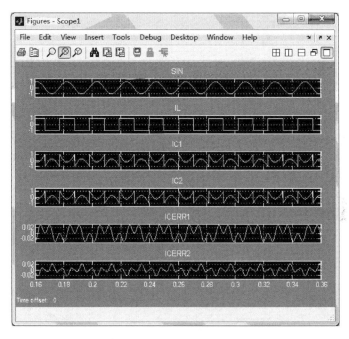

图 5-5-5　电源频率由 50Hz 波动为 48Hz 而电源电压无畸变时的仿真比较波形

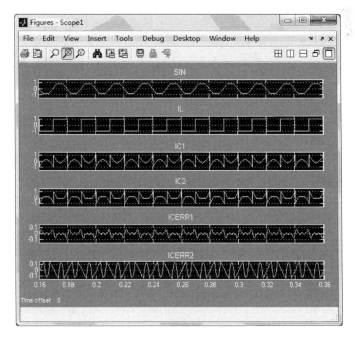

图 5-5-6　电源频率不变而电源电压发生畸变时的仿真比较波形一

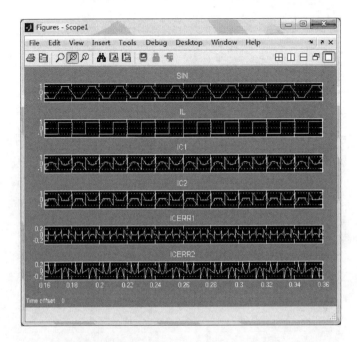

图 5-5-7　电源频率不变而电源电压发生畸变时的仿真比较波形二

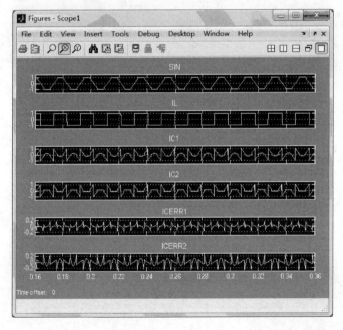

图 5-5-8　电源频率由 50Hz 波动为 52Hz 并且电源电压发生畸变时的仿真比较波形一

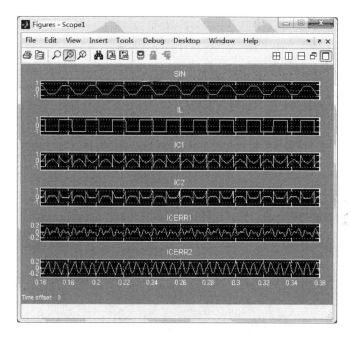

图 5-5-9　电源频率由 50Hz 波动为 52Hz 并且电源电压发生畸变时的仿真比较波形二

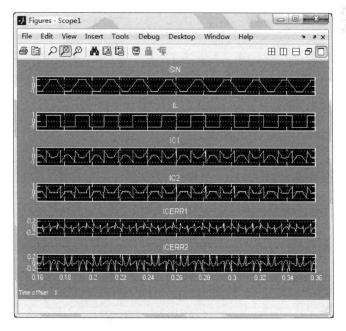

图 5-5-10　电源频率由 50Hz 波动为 48Hz 并且电源电压发生畸变时的仿真比较波形一

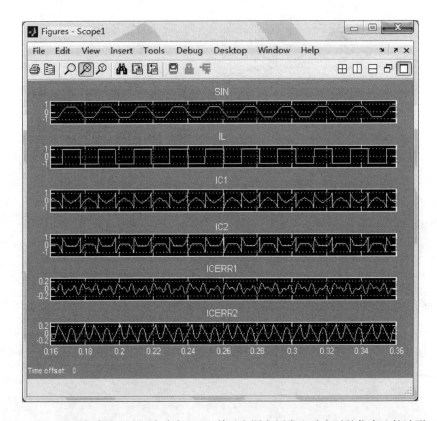

图5-5-11 电源频率由50Hz波动为48Hz并且电源电压发生畸变时的仿真比较波形二

5.6 单相电路瞬时功率法和硬件电路自适应法的仿真比较

本节介绍硬件电路自适应法和单相电路瞬时功率法的仿真比较,内容包括MATLAB仿真比较模型和仿真比较波形。

5.6.1 MATLAB仿真比较模型

根据4.8.2节硬件电路自适应法的MATLAB仿真模型和4.7.2节单相电路瞬时功率法的MATLAB仿真模型,可建立对这两种检测方法的检测性能进行比较的MATLAB仿真比较模型FZBJ6.mdl文件,如图5-6-1所示。

在图5-6-1中,文件SIN.mat、IL.mat、ICT.mat对应的"从文件读取信号模块"分别产生与电源电压同频同相并且幅值为1V的正弦信号SIN、负载电流IL、理论上的谐波与无功电流之和ICT。它们的波形由这些文件中的数据决定,根据需要改变某一文件中的数据,则可以改变相应信号的波形,这样可以方便地对各种

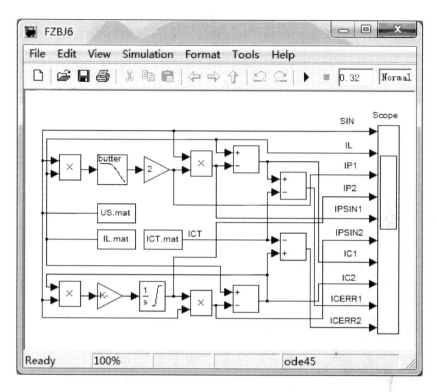

图 5-6-1　硬件电路自适应法和单相电路瞬时功率法的 MATLAB 仿真比较模型

不同情况进行仿真。

　　图上方为单相电路瞬时功率法的 MATLAB 仿真模型,根据 4.7.2 节,模型中的 LPF 设置为截止频率 $f_c=15\text{Hz}$ 的二阶 Butterworth LPF。图下方为硬件电路自适应法的 MATLAB 仿真模型,其中,"Gain"模块的积分增益 G 设置为 200(较为合适)。IP1、IPSIN1、IC1、ICERR1 分别为单相电路瞬时功率法检测出的基波有功电流幅值、基波有功电流、需要补偿的谐波与无功电流之和、误差($=$IC1$-$ICT),IP2、IPSIN2、IC2、ICERR2 分别为硬件电路自适应法检测出的基波有功电流幅值、基波有功电流、需要补偿的谐波与无功电流之和、误差($=$IC2$-$ICT)。

　　SIN、IL、IP1、IP2、IPSIN1、IPSIN2、IC1、IC2、ICERR1 和 ICERR2 被送入"示波器模块(Scope)",这样可以在"Scope"中方便地观察和比较这两种检测方法的仿真比较波形。

5.6.2　仿真比较

　　根据 5.3.3 节,同理可得到 SIN.mat、IL.mat 和 ICT.mat 数据文件。这些文件供 FZBJ6.mdl 文件使用。使用 FZBJ6.mdl 文件仿真,得到的仿真比较波形如

图 5-6-2～图 5-6-11 所示。

图 5-6-2 和图 5-6-3 为理想条件即电源频率不变(固定的 50Hz)并且电源电压无畸变时的仿真比较波形。其中,图 5-6-2 为负载电流处于稳定状态时的仿真比较波形,图 5-6-3 为负载电流幅值由 1A 突然增大为 2A 时的仿真比较波形。由图 5-6-2可以看出:当负载电流 IL 处于稳定状态时,|ICERR2|的最大值明显地大于|ICERR1|的最大值。因此,硬件电路自适应法的检测精度明显地低于单相电路瞬时功率法的检测精度。由图 5-6-3 可以看出:当负载电流 IL 幅值突然增大时(0.24s 时刻),这两种检测方法的动态响应时间无明显差别(均约为 1.5 个周期)。

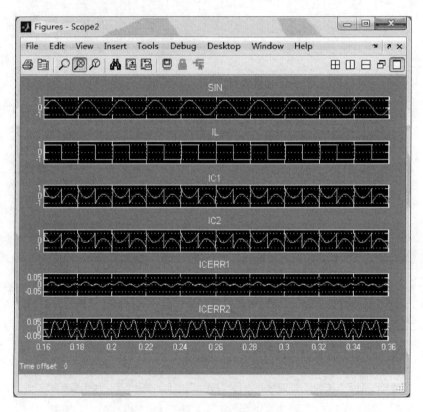

图 5-6-2　理想条件下负载电流处于稳定状态时的仿真比较波形

图 5-6-4 和图 5-6-5 为电源频率发生波动而电源电压无畸变时的仿真比较波形。其中,图 5-6-4 是电源频率由 50Hz 波动为 52Hz 时的仿真比较波形,图 5-6-5是电源频率由 50Hz 波动为 48Hz 时的仿真比较波形。由图 5-6-4 和图 5-6-5 可以看出:|ICERR2|的最大值分别明显地大于|ICERR1|的最大值。因此,在电源频率发生波动而电源电压无畸变时,硬件电路自适应法的检测精度明显地低于单相电路瞬时功率法的检测精度。

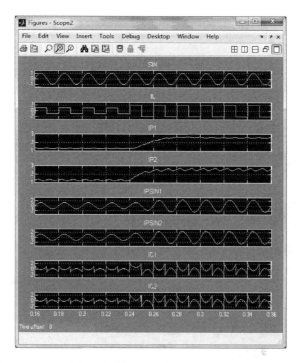

图 5-6-3　理想条件下负载电流幅值突然增大时的仿真比较波形

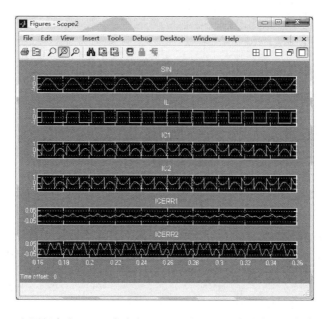

图 5-6-4　电源频率由 50Hz 波动为 52Hz 而电源电压无畸变时的仿真比较波形

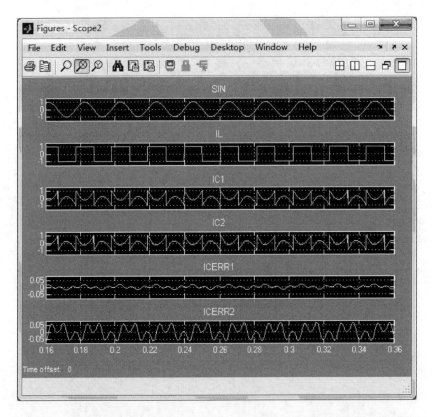

图 5-6-5　电源频率由 50Hz 波动为 48Hz 而电源电压无畸变时的仿真比较波形

图 5-6-6 和图 5-6-7 为电源频率不变而电源电压发生畸变时的仿真比较波形。由图 5-6-6 和图 5-6-7 可以看出：|ICERR2| 的最大值分别明显地小于 |ICERR1| 的最大值。因此，在电源频率不变而电源电压发生畸变时，硬件电路自适应法的检测精度明显地高于单相电路瞬时功率法的检测精度。

图 5-6-8～图 5-6-11 为在实际应用即电源频率发生波动并且电源电压发生畸变时的仿真比较波形，其中，图 5-6-8 和图 5-6-9 是电源频率由 50Hz 波动为 52Hz 时的仿真比较波形。图 5-6-10～图 5-6-11 是电源频率由 50Hz 波动为 48Hz 时的仿真比较波形。由图 5-6-8～图 5-6-11 可以看出：|ICERR2| 的最大值分别明显地小于 |ICERR1| 的最大值。因此，在实际应用即电源频率发生波动并且电源电压发生畸变时，硬件电路自适应法的检测精度明显地高于单相电路瞬时功率法的检测精度。

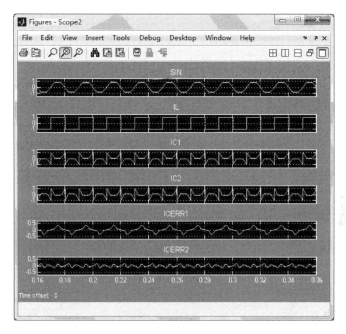

图 5-6-6　电源频率不变而电源电压发生畸变时的仿真比较波形一

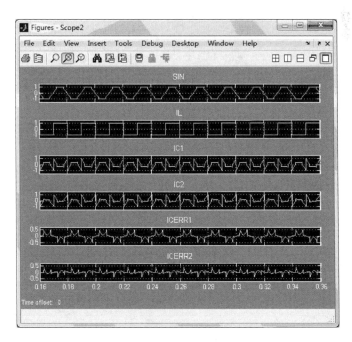

图 5-6-7　电源频率不变而电源电压发生畸变时的仿真比较波形二

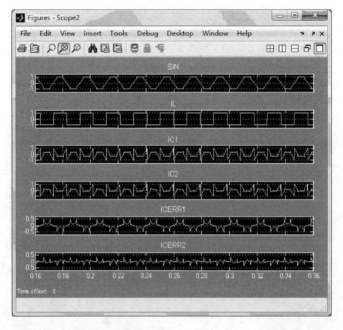

图 5-6-8　电源频率由 50Hz 波动为 52Hz 并且电源电压发生畸变时的仿真比较波形一

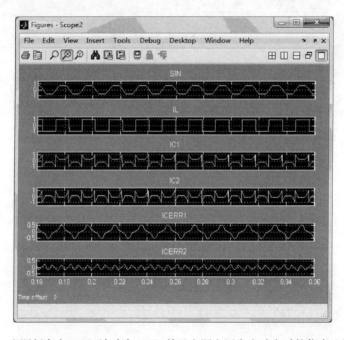

图 5-6-9　电源频率由 50Hz 波动为 52Hz 并且电源电压发生畸变时的仿真比较波形二

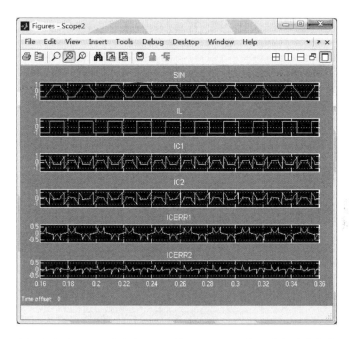

图 5-6-10　电源频率由 50Hz 波动为 48Hz 并且电源电压发生畸变时的仿真比较波形一

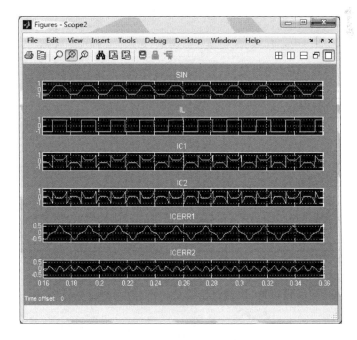

图 5-6-11　电源频率由 50Hz 波动为 48Hz 并且电源电压发生畸变时的仿真比较波形二

5.7　单相电路瞬时功率法和参考方法的仿真比较

本节介绍单相电路瞬时功率法和参考方法的仿真比较，内容包括 MATLAB 仿真比较模型和仿真比较波形。

5.7.1　MATLAB 仿真比较模型

根据 4.7.2 节单相电路瞬时功率法的 MATLAB 仿真模型和 4.11.2 节参考方法的 MATLAB 仿真模型，可建立对这两种检测方法的检测性能进行比较的 MATLAB 仿真比较模型 FZBJ7.mdl 文件，如图 5-7-1 所示。

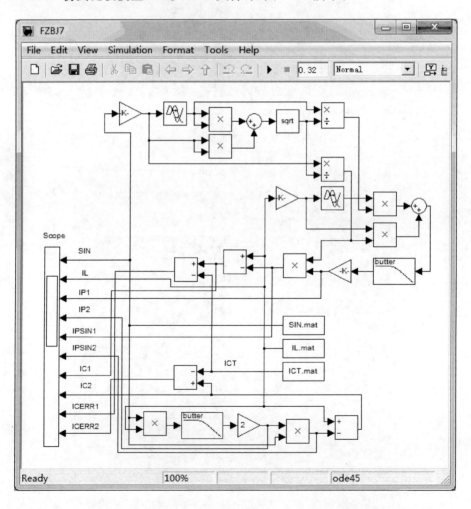

图 5-7-1　单相电路瞬时功率法和参考方法的 MATLAB 仿真比较模型

在图 5-7-1 中,文件 SIN. mat、IL. mat、ICT. mat 对应的"从文件读取信号模块"分别产生与电源电压同频同相并且幅值为 1V 的正弦信号 SIN、负载电流 IL、理论上的谐波与无功电流之和 ICT。它们的波形由这些文件中的数据决定,根据需要改变某一文件中的数据,则可以改变相应信号的波形,这样可以方便地对各种不同情况进行仿真。

图上方为参考方法的 MATLAB 仿真模型,根据 4.11.2 节,模型中的 LPF 为截止频率 $f_c=20\mathrm{Hz}$ 的二阶 Butterworth LPF。图下方为单相电路瞬时功率法的 MATLAB 仿真模型,根据 4.7.2 节,模型中的 LPF 为截止频率 $f_c=15\mathrm{Hz}$ 的二阶 Butterworth LPF。IP1、IPSIN1、IC1、ICERR1 分别为参考方法检测出的基波有功电流幅值、基波有功电流、需要补偿的谐波与无功电流之和、误差($=\mathrm{IC1}-\mathrm{ICT}$),IP2、IPSIN2、IC2、ICERR2 分别为单相电路瞬时功率法检测出的基波有功电流幅值、基波有功电流、需要补偿的谐波与无功电流之和、误差($=\mathrm{IC2}-\mathrm{ICT}$)。

SIN、IL、IP1、IP2、IPSIN1、IPSIN2、IC1、IC2、ICERR1 和 ICERR2 被送入"示波器模块(Scope)",这样可以在"Scope"中方便地观察和比较这两种检测方法的仿真比较波形。

5.7.2　仿真比较

根据 5.3.3 节,同理可得到 SIN. mat、IL. mat 和 ICT. mat 数据文件。这些文件供 FZBJ7. mdl 使用。使用 FZBJ7. mdl 文件仿真,得到仿真比较波形如图 5-7-2～图 5-7-11所示。

图 5-7-2 和图 5-7-3 为理想条件即电源频率不变(固定的 50Hz)并且电源电压无畸变时的仿真比较波形。其中,图 5-7-2 为负载电流处于稳定状态时的仿真比较波形,图 5-7-3 为负载电流幅值由 1A 突然增大为 2A 时的仿真比较波形。由图 5-7-2可以看出:当负载电流 IL 处于稳定状态时,|ICERR2|的最大值明显地大于|ICERR1|的最大值,因此,单相电路瞬时功率法的检测精度明显地低于参考方法的检测精度。由图 5-7-3 可以看出:当负载电流 IL 幅值突然增大时(0.24s 时刻),这两种检测方法的动态响应时间无明显差别(都约为 1.5 个周期)。

图 5-7-4 和图 5-7-5 为电源频率发生波动而电源电压无畸变时的仿真比较波形。其中,图 5-7-4 是电源频率由 50Hz 波动为 52Hz 时的仿真比较波形,图 5-7-5 是电源频率由 50Hz 波动为 48Hz 时的仿真比较波形。由图 5-7-4 和图 5-7-5 可以看出:|ICERR2|的最大值分别明显地小于|ICERR1|的最大值。因此,在电源频率发生波动而电源电压无畸变时,单相电路瞬时功率法的检测精度明显地高于参考方法的检测精度。

图 5-7-6 和图 5-7-7 为电源频率不变而电源电压发生畸变时的仿真比较波形。由图 5-7-6 和图 5-7-7 可以看出:|ICERR2|的最大值分别明显地大于|ICERR1|的最大值。因此,在电源频率不变而电源电压发生畸变时,单相电路瞬时功率法的检测精度明显地低于参考方法的检测精度。

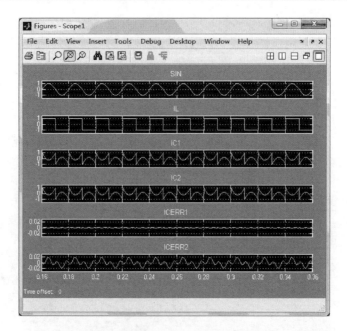

图 5-7-2　理想条件下负载电流处于稳定状态时的仿真比较波形

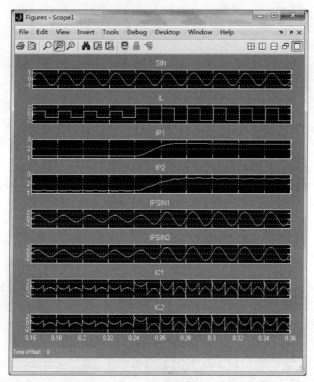

图 5-7-3　理想条件下负载电流幅值突然增大时的仿真比较波形

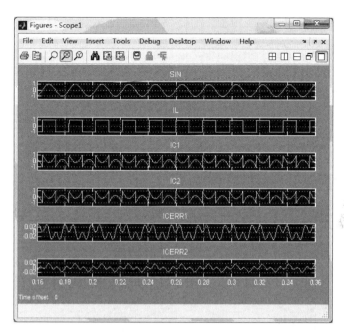

图 5-7-4　电源频率由 50Hz 波动为 52Hz 而电源电压无畸变时的仿真比较波形

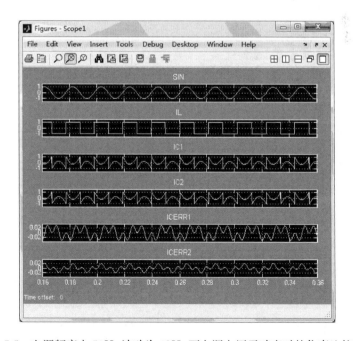

图 5-7-5　电源频率由 50Hz 波动为 48Hz 而电源电压无畸变时的仿真比较波形

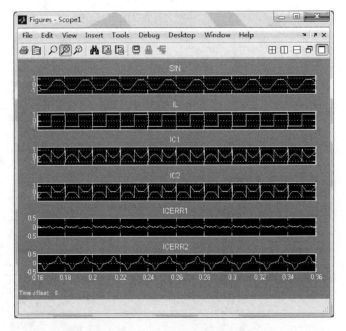

图 5-7-6 电源频率不变而电源电压发生畸变时的仿真比较波形一

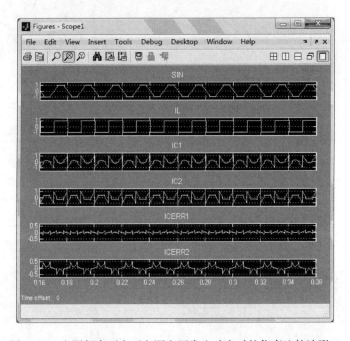

图 5-7-7 电源频率不变而电源电压发生畸变时的仿真比较波形二

图 5-7-8～图 5-7-11 为实际应用即电源频率发生波动并且电源电压发生畸变时的仿真比较波形。其中,图 5-7-8 和图 5-7-9 是电源频率由 50Hz 波动为 52Hz 时的仿真比较波形,图 5-7-10 和图 5-7-11 是电源频率由 50Hz 波动为 48Hz 时的

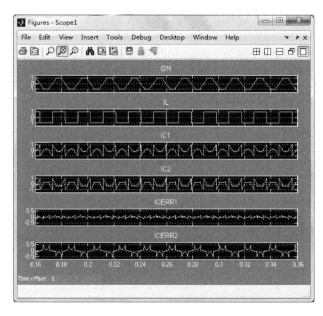

图 5-7-8　电源频率由 50Hz 波动为 52Hz 并且电源电压发生畸变时的仿真比较波形一

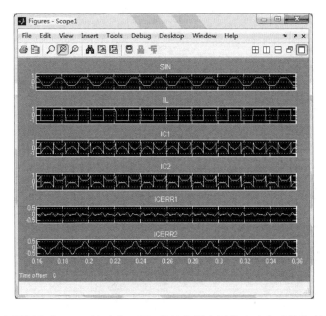

图 5-7-9　电源频率由 50Hz 波动为 52Hz 并且电源电压发生畸变时的仿真比较波形二

仿真比较波形。由图 5-7-8～图 5-7-11 可以看出：|ICERR2|的最大值分别明显地大于|ICERR1|的最大值。因此，在实际应用即电源频率发生波动并且电源电压发生畸变时，单相电路瞬时功率法的检测精度明显地低于参考方法的检测精度。

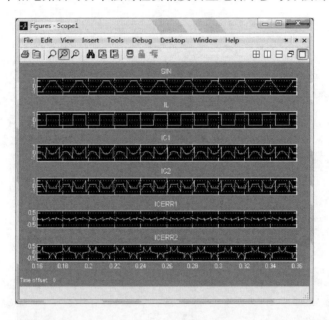

图 5-7-10   电源频率由 50Hz 波动为 48Hz 并且电源电压发生畸变时的仿真比较波形一

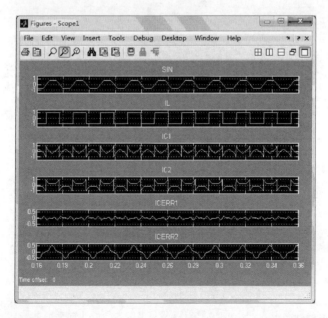

图 5-7-11   电源频率由 50Hz 波动为 48Hz 并且电源电压发生畸变时的仿真比较波形二

5.8　硬件电路自适应法和参考方法的仿真比较

本节介绍硬件电路自适应法和参考方法的仿真比较,内容包括 MATLAB 仿真比较模型和仿真比较波形。

5.8.1　MATLAB 仿真比较模型

根据 4.8.2 节硬件电路自适应法的 MATLAB 仿真模型和 4.11.2 节参考方法的 MATLAB 仿真模型,可建立对这两种检测方法的检测性能进行比较的 MATLAB 仿真比较模型 FZBJ8.mdl 文件,如图 5-8-1 所示。

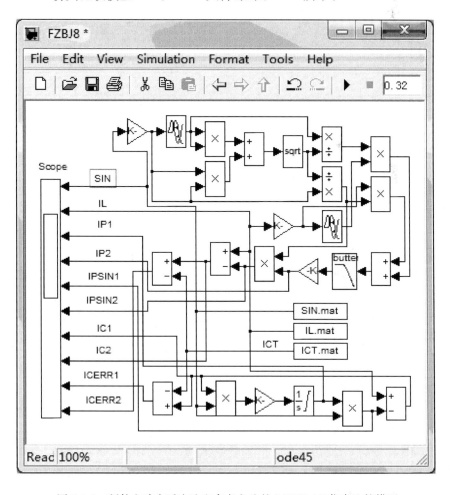

图 5-8-1　硬件电路自适应法和参考方法的 MATLAB 仿真比较模型

在图 5-8-1 中,文件 SIN. mat、IL. mat、ICT. mat 对应的"从文件读取信号模块"分别产生与电源电压同频同相并且幅值为 1V 的正弦信号 SIN、负载电流 IL、理论上的谐波与无功电流之和 ICT。它们的波形由这些文件中的数据决定,根据需要改变某一文件中的数据,则可以改变相应信号的波形,这样可以方便地对各种不同情况进行仿真。

图上方为参考方法的 MATLAB 仿真模型,根据 4. 11. 2 节,模型中的 LPF 为截止频率 $f_c = 20Hz$ 的二阶 Butterworth LPF。图下方为硬件电路自适应法的 MATLAB 仿真模型,其中,模型中的"Gain"模块的积分增益 G 设置为 200(较为合适)。IP1、IPSIN1、IC1、ICERR1 分别为硬件电路自适应法检测出的基波有功电流幅值、基波有功电流、需要补偿的谐波与无功电流之和、误差($= IC1 - ICT$),IP2、IPSIN2、IC2、ICERR2 分别为参考方法检测出的基波有功电流幅值、基波有功电流、需要补偿的谐波与无功电流之和、误差($= IC2 - ICT$)。

SIN、IL、IP1、IP2、IPSIN1、IPSIN2、IC1、IC2、ICERR1 和 ICERR2 被送入"示波器模块(Scope)",这样可以在"Scope"中方便地观察和比较这两种检测方法的仿真比较波形。

5.8.2　仿真比较

根据 5. 3. 3 节,同理可得到 SIN. mat、IL. mat 和 ICT. mat 数据文件。这些文件供 FZBJ8. mdl 使用。使用 FZBJ8. mdl 文件仿真,得到的仿真比较波形如图 5-8-2～图 5-8-11 所示。

图 5-8-2 和图 5-8-3 为理想条件即电源频率不变(固定的 50Hz)并且电源电压无畸变时的仿真比较波形。其中,图 5-8-2 为负载电流处于稳定状态时的仿真比较波形,图 5-8-3 为负载电流幅值由 1A 突然增大为 2A 时的仿真比较波形。由图 5-8-2可以看出:当负载电流 IL 处于稳定状态时,$|$ICERR1$|$ 的最大值分别明显地大于 $|$ICERR2$|$ 的最大值,因此,硬件电路自适应法的检测精度明显地低于参考方法的检测精度。由图 5-8-3 可以看出:当负载电流 IL 幅值突然增大时(0.24s 时刻),这两种检测方法的动态响应时间无明显差别(都约为 1.5 个周期)。

图 5-8-4 和图 5-8-5 为电源频率发生波动而电源电压无畸变时的仿真比较波形。其中,图 5-8-4 是电源频率由 50Hz 波动为 52Hz 时的仿真比较波形,图 5-8-5 是电源频率由 50Hz 波动为 48Hz 时的仿真比较波形。由图 5-8-4 和图 5-8-5 可以看出:$|$ICERR1$|$ 的最大值分别明显地大于 $|$ICERR2$|$ 的最大值。因此,在电源频率发生波动而电源电压无畸变时,硬件电路自适应法的检测精度明显地低于参考方法的检测精度。

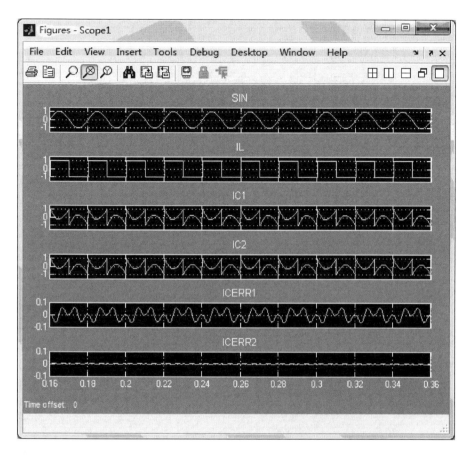

图 5-8-2　理想条件下负载电流处于稳定状态时的仿真比较波形

　　图 5-8-6 和图 5-8-7 为电源频率不变而电源电压发生畸变时的仿真比较波形。由图 5-8-6 和图 5-8-7 可以看出：|ICERR1| 的最大值分别明显地大于 |ICERR2| 的最大值。因此，在电源频率不变而电源电压发生畸变时，硬件电路自适应法的检测精度明显地低于参考方法的检测精度。

　　图 5-8-8～图 5-8-11 为实际应用即电源频率发生波动并且电源电压发生畸变时的仿真比较波形。其中，图 5-8-8 和图 5-8-9 是电源频率由 50Hz 波动为 52Hz 时的仿真比较波形，图 5-8-10 和图 5-8-11 是电源频率由 50Hz 波动为 48Hz 时的仿真比较波形。由图 5-8-8～图 5-8-11 可以看出：|ICERR1| 的最大值分别明显地大于 |CERR2| 的最大值。因此，在实际应用即电源频率发生波动并且电源电压发生畸变时，硬件电路自适应法的检测精度明显地低于参考方法的检测精度。

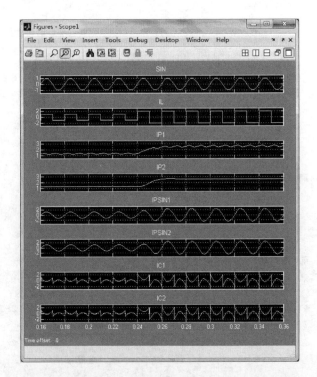

图5-8-3　理想条件下负载电流幅值突然增大时的仿真比较波形

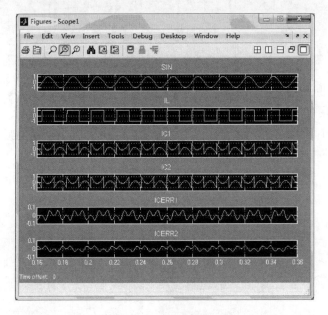

图 5-8-4　电源频率由 50Hz 波动为 52Hz 而电源电压无畸变时的仿真比较波形

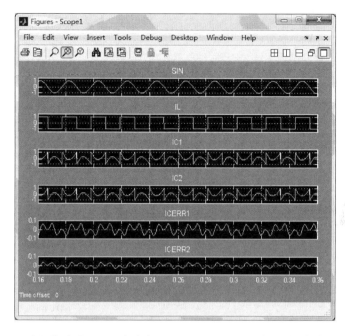

图 5-8-5　电源频率由 50Hz 波动为 48Hz 而电源电压无畸变时的仿真比较波形

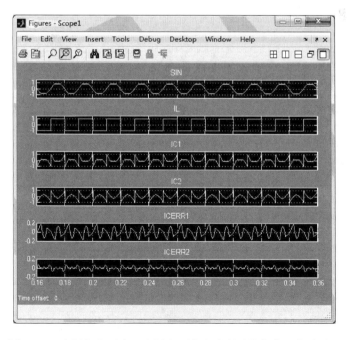

图 5-8-6　电源频率不变而电源电压发生畸变时的仿真比较波形一

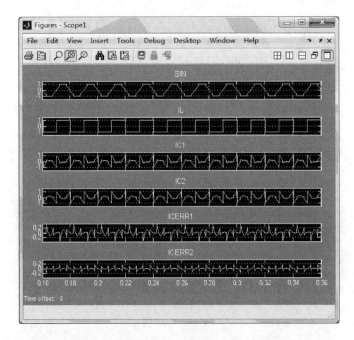

图 5-8-7 电源频率不变而电源电压发生畸变时的仿真比较波形二

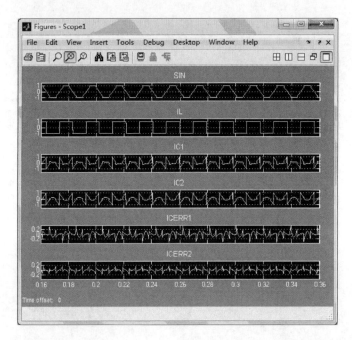

图 5-8-8 电源频率由 50Hz 波动为 52Hz 并且电源电压发生畸变时的仿真比较波形一

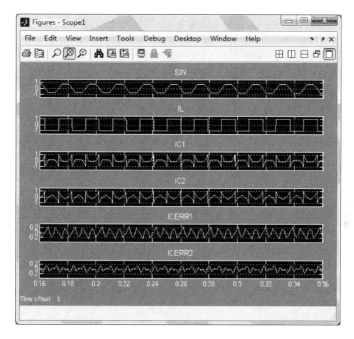

图 5-8-9 电源频率由 50Hz 波动为 52Hz 并且电源电压发生畸变时的仿真比较波形二

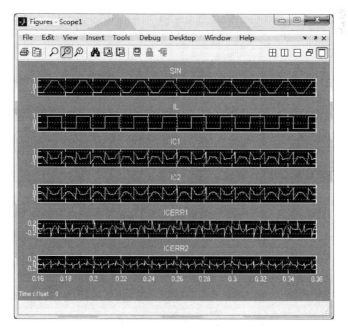

图 5-8-10 电源频率由 50Hz 波动为 48Hz 并且电源电压发生畸变时的仿真比较波形一

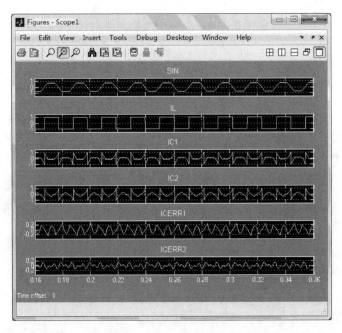

图 5-8-11　电源频率由 50Hz 波动为 48Hz 并且电源电压发生畸变时的仿真比较波形二

5.9　小　　结

本章介绍了直接计算法和离散傅里叶系数法的仿真比较、简化的神经元自适应法和简化的神经网络自适应法的仿真比较、直接计算法和单相电路瞬时功率法的仿真比较、直接计算法和硬件电路自适应法的仿真比较、直接计算法和参考方法的仿真比较、单相电路瞬时功率法和硬件电路自适应法的仿真比较、单相电路瞬时功率法和参考方法的仿真比较,以及硬件电路自适应法和参考方法的仿真比较。

虽然直接计算法和离散傅里叶系数法在本质上是一致的[6],但仿真比较表明:在实际应用时,直接计算法的计算性能优于离散傅里叶系数法。

仿真比较表明:简化的神经元自适应法的计算性能优于简化的神经网络自适应法,因而神经元自适应法的计算性能优于神经网络自适应法。而神经元自适应法和硬件电路自适应法具有一致性[8]。

对于直接计算法、单相电路瞬时功率法、硬件电路自适应法和参考方法,通过仿真比较得到如下结论:

(1) 在理想条件下即电源频率不变并且电源电压无畸变时,直接计算法的稳态检测精度明显地高于参考方法的稳态检测精度,参考方法的稳态检测精度明显地高于单相电路瞬时功率法的稳态检测精度,单相电路瞬时功率法的稳态检测精度明显地高于硬件电路自适应法的稳态检测精度；直接计算法的动态响应时间明显地短于硬件电路自适应法、单相电路瞬时功率法以及参考方法的动态响应时间，而硬件电路自适应法、单相电路瞬时功率法和参考方法的动态响应时间无明显差别。

（2）在电源频率发生波动而电源电压无畸变时，单相电路瞬时功率法的检测精度稍高于直接计算法的检测精度，直接计算法的检测精度明显地高于参考方法的检测精度，参考方法的检测精度明显地高于硬件电路自适应法的检测精度。

（3）在电源频率不变而电源电压发生畸变时，参考方法的检测精度明显地高于硬件电路自适应法的检测精度，硬件电路自适应法的检测精度明显地高于直接计算法的检测精度，直接计算法的检测精度明显地高于单相电路瞬时功率法的检测精度。

（4）在实际应用即电源频率发生波动并且电源电压发生畸变时，参考方法的检测精度明显地高于硬件电路自适应法的检测精度，硬件电路自适应法的检测精度明显地高于直接计算法的检测精度，直接计算法的检测精度明显地高于单相电路瞬时功率法的检测精度。

虽然在理想条件下和电源频率发生波动时，硬件电路自适应法的检测精度最低，但在实际应用时，其检测精度仅次于参考方法的检测精度，体现了其较强的自适应能力。虽然在理想条件下和电源频率发生波动时，直接计算法和单相电路瞬时功率法的检测精度和动态性能均不次于参考方法，但这两种检测方法在实际应用时的检测精度较低。而这可通过采用锁相环电路获得与电源电压同频同相的正弦信号，从而消除电源电压畸变对这两种检测方法的检测精度的影响。因此，直接计算法、单相电路瞬时功率法和硬件电路自适应法均为具有实际应用价值的谐波电流实时检测方法。其中，硬件电路自适应法具有强的自适应能力，特别适合复杂电力环境下的谐波电流检测。

参 考 文 献

[1] Li Z C. Simulation comparisons between two real-time computation methods for harmonic and reactive currents[J]. Lecture Notes in Electrical Engineering,2011,139：339-344.

[2] Li Z C. Simulation comparisons on the detection performance of the direct computation and hardware circuit-realized adaptive methods[J]. Procedia Engineering,2011,15：4631-4635.

[3] 冯大力,李自成,任明炜,等. 两种单相电路谐波电流检测方法的仿真比较[J]. 电工电气,2011,(6):50-53.

[4] 李自成,孙玉坤,朱志莹. 两种基于瞬时功率理论的单相电路谐波电流检测方法的比较研究[J].电测与仪表,2009,46(8):33-38.

[5] 李自成,冯大力. 自适应法与一种参考方法检测性能的仿真比较[J]. 现代建筑电气,2011,2(12):7-10,16.

［6］李自成,孙玉坤,刘国海,等.直接计算法的本质及其检测性能［J］.高电压技术,2008,34(8):
　　 1720-1725.

［7］李自成,孙玉坤,刘国海,等.直接计算法在有源电力滤波器中应用的仿真研究［J］.电力自动
　　 化设备,2008,28(8):106-109.

［8］Li Z C. Consistency between two adaptive detection methods for harmonic and reactive cur-
　　 rents［J］. IEEE Transactions on Industrial Electronics,2011,58(10):4981-4983.